21 世纪高等教育规划教材——学习指导与考研系列

高等数学
学、思、用一体化方案

房元霞　赵汝木　编著

机 械 工 业 出 版 社

本书按照《高等数学（2）》的体例编写。每一节都依据课程大纲和教材内容确定学习目标、学习重点，分离出本节学习基础的预备知识与方法，然后以问题的形式显现知识思维发展的脉络，归纳出基本题型，反思解题方法及其原理，并对知识与方法进行适当的拓展，引导读者对高等数学课程的内容进行深入透彻的思考、理解与运用，达到胸有成竹，总览高等数学学习全局的学习效果。

本书适合本、专科高等学校理、工、农、医、经管等专业学生和教师使用，特别对考研的学生复习《高等数学》有一定指导作用。

图书在版编目（CIP）数据

高等数学学、思、用一体化方案/房元霞，赵汝木编著. —北京：机械工业出版社，2019.6

21世纪高等教育规划教材. 学习指导与考研系列

ISBN 978-7-111-62528-5

Ⅰ.①高… Ⅱ.①房…②赵… Ⅲ.①高等数学－高等学校－教材 Ⅳ.①O13

中国版本图书馆 CIP 数据核字（2019）第 070493 号

机械工业出版社（北京市百万庄大街22号　邮政编码100037）

策划编辑：张金奎　责任编辑：张金奎　汤　嘉

责任校对：王明欣　封面设计：严娅萍

责任印制：孙　炜

北京中兴印刷有限公司印刷

2019 年 6 月第 1 版第 1 次印刷

169mm×239mm · 12.25 印张 · 249 千字

标准书号：ISBN 978-7-111-62528-5

定价：29.80 元

凡购本书，如有缺页、倒页、脱页，由本社发行部调换

电话服务　　　　　　　　　网络服务

服务咨询热线：010－88379833　　机 工 官 网：www.cmpbook.com

读者购书热线：010－68326294　　机 工 官 博：weibo.com/cmp1952

教育服务网：www.cmpedu.com

封面无防伪标均为盗版　　　　金 书 网：www.golden－book.com

前　言

目前全国高等教育进入了深入贯彻落实全国教育大会和全国高等学校本科教育工作会议精神的新时代。聚焦"两个根本""以本为本""四个回归"的总体要求，加快推进一流本科教学体系建设，全面提高人才培养能力，全面振兴本科教育，这就需要我们用新的理念、新的标准、新的眼光、新的措施去全面推进本科教育综合改革。

建设一流本科教育需要一流的本科教学。学科教师就要以人为本、因材施教，创新教学方法，把课堂变成碰撞思维、启迪智慧的场所，以精彩的教学内容和新颖的教学方式吸引学生全身心地投入其中，让学生成为学习的主人，引导学生主动学习、刻苦学习、深度学习，并且通过各种方式，优化学生的课下学习。基于上述目的，我们聚焦"高等数学"课程学习，设计了高等数学学、思、用一体化方案，强化学生的课前、课中及课后的学习。几年教学的实践证明采用这种方法取得的效果是非常令人欣喜的。

本书是山东省教学改革项目（2015M054）和聊城大学教学改革项目《学科课程课堂翻转的理论与实践》的部分研究成果，以同济版"十一五"国家规划教材《高等数学（1）》（第七版）、《高等数学（2）》（第三版）及有关经管类高等数学教材为蓝本，按照《高等数学（2）》的体例编写。通过对本书的学习，读者可以居高临下，总览全局，对高等数学的内容、方法与应用有清晰的认识。与相关教材、教辅资料相比，本书有以下几个鲜明的特色：

1. 导准备，明确内容学到什么程度，需要哪些准备知识，使读者学习前就心中有底，适合数学学习特点。

2. 导思考，用问题引导读者的思考，揭示知识发展的线索，这样透过形式更能从本质上把握数学知识与思想方法，增强理解的透彻性和数学思维的深刻性，提高学生的数学核心素养，使其养成独立思考的良好习惯，促进其创新意识的发展。

3. 导运用，有知识、方法和题型的整理与解法的分析，方便读者进行反思性的学习，思考和运用所学的知识解决问题，优化学习方法，提高学习质量。

4. 此外，书中设置了"归纳总结""收获与认识"等栏目，目的是让学生对自己所学的知识、方法进行盘点，力争有所思、有所悟，养成反思整理的习惯。

由于作者学识、水平所限，书中不当之处敬请批评指正。

房元霞

于聊城大学

目　录

第一章 函数、极限与连续

第一节 函数【学案】

【学习目标】

1. 通过阅读教材、回忆中学所学函数的知识：

（1）集合、集合的表示方法（特别是数集）、集合的运算及性质.

（2）函数的概念及表示方法.

（3）函数的单调性、奇偶性、周期性.

（4）反函数的概念和性质.

（5）基本初等函数：幂函数、指数函数、对数函数、三角函数的图像和性质.

2. 掌握用邻域表示数集的方法.

3. 熟悉常数函数、绝对值函数、符号函数、分段函数、取整函数、狄利克雷函数或图形（常用来举反例）.

4. 了解反三角函数的图像和性质.

5. 能够结合具体函数，理解函数的有界性.

6. 理解复合函数的概念，知道初等函数的概念.

【重、难点】 基本初等函数的图形与性质. 复合函数的概念.

【学习准备】

这一节是对中学所学集合、函数、函数的性质、反函数与复合函数知识的整理与扩充，课前适当阅读、回顾、思考与解答，为课堂重点学习扩充的部分打下基础.

【数学思考】

问题1 如何用符号、图示表示以 a, b 为左、右端点的有限区间与无限区间？

问题2 抽象函数的自然定义域是函数有意义的自变量的取值范围，求函数定义域时常用的规则有：

（1）

（2）

（3）

问题3 设 $f(x) = \dfrac{1}{1+x^2}$，求下列函数值：$f(0)$，$f(1)$，$f(-1)$，$f\left(\dfrac{1}{a}\right)$，$f(x_0)$，

$f(x_0 + h)$.

问题 4 高中研究函数的单调性、奇偶性时，应用了什么数学思想方法？

问题 5 满足什么条件的函数有反函数？直接函数与其反函数有什么关系？

【知识补充】

反三角函数的定义：

（1）反正弦函数：正弦函数 $y = \sin x$ 在定义域为 $\left[-\dfrac{\pi}{2}, \dfrac{\pi}{2} \right]$ 时，有反函数 $y = \arcsin x$，$x \in [-1, 1]$ 称为反正弦函数.

（2）反余弦函数：余弦函数 $y = \cos x$ 在定义域为 $[0, \pi]$ 时，有反函数 $y = \arccos x$，$x \in [-1, 1]$ 称为反余弦函数.

（3）反正切函数：正切函数 $y = \tan x$ 在定义域为 $\left(-\dfrac{\pi}{2}, \dfrac{\pi}{2} \right)$ 时，有反函数 $y = \arctan x$，$x \in (-\infty, +\infty)$ 称为反正切函数.

（4）反余切函数：余切函数 $y = \cot x$ 在定义域为 $(0, \pi)$ 时，有反函数 $y = \operatorname{arccot} x$，$x \in (-\infty, +\infty)$ 称为反余切函数.

请试着根据互为反函数的两个函数图像的性质，画出反函数的图像. 并试着总结函数的性质.

【归纳总结】

练习 1 （1）以 a 为左端点，b 为右端点的四个有限区间为：_____ _____；四个无限区间为：_____.

（2）$U(x_0, \delta)$（点 x_0 的 δ 领域）表示数集 _____，$\overset{\circ}{U}(x_0, \delta)$ 表示数集 _____，开区间 $(a, a + \delta)$，$(a - \delta, a)$ 分别称为 _____，_____. 请进一步用图示表示.

（3）基本初等函数包括 _____ _____五类.

（4）由常数与基本初等函数经过 _____ 与 _____ 所构成的，并且可以用 _____ 的函数，称为初等函数.

（5）函数的单调性与有界性是定义在函数的某个定义区间上或定义域上的，所以说单调性与有界性是函数的局部性质；而函数的奇偶性、周期性是定义在函数的整个定义域上的，是函数的____性质.

练习2 请画出如下常用的几个特殊的函数（在函数的微分学性质的学习中常用于举反例）的图像，说出其定义域、值域、函数的性质及图像的特点.

（1）常数函数 $y = 1$.

（2）绝对值函数 $f(x) = |x|$.

（3）符号函数 $f(x) = \mathrm{sgn}\,x = \begin{cases} 1, & x > 0, \\ 0, & x = 0, \\ -1, & x < 0. \end{cases}$

（4）整数部分（取整）函数 $f(x) = [x]$.

（5）小数部分函数 $f(x) = x - [x]$.

（6）狄利克雷（Dirichlet）函数 $f(x) = \begin{cases} 1, & x \in \mathbf{Q}, \\ 0, & x \in \mathbf{R} - \mathbf{Q}. \end{cases}$（狄利克雷函数无法用图像法表示）

练习3 （1）分别举出有下（上）界、有界函数的例子，举出无下（上）界函数的例子.

（2）如果 K_1 是 $f(x)$ 在 X 上的一个下界，那么还能构造出 $f(x)$ 在 X 上的另一个下界吗？下界是否唯一？上界呢？

（3）函数 $f(x)$ 在 X 上无界，如何定义？

练习4 下列各小题中的函数由哪些函数复合而成？

（1）$y = (1 - 2x)^{10}$； （2）$y = \ln\cos x$；

（3）$y = e^{x^2}$； （4）$y = \sin\dfrac{2x}{1 + x^2}$；

（5）$y = \ln\cos e^x$； （6）$y = \sqrt[3]{1 - 2x^2}$；

（7）$y = e^{\sin\frac{1}{x}}$； （8）$y = \sin\sqrt{1 + x^2}$.

【学习拓展】

1.（1）设函数 $f(x)$ 为定义在 $(-l, l)$ 内的偶函数，若 $f(x)$ 在 $(-l, 0)$ 内单调减少，则 $f(x)$ 在 $[0, l]$ 内单调增加.

（2）两个奇函数之和是奇函数，两个奇函数之积是偶函数.

你能类比猜想到什么结论？

2.设 $f(x)$ 在 X 上有定义，试证：$f(x)$ 在 X 上有界的充要条件是它在 X 上既有上界，也有下界.

函数在某个区间 I 上有上界、有下界、有界，无上界、无下界、无界的辩证关系如何？

3.设函数 $f(x) = \begin{cases} 1, & |x| < 1, \\ 0, & |x| = 1, \\ -1, & |x| > 1, \end{cases}$ $g(x) = e^x$，求 $f(g(x))$，$g(f(x))$.

4. 设函数 $f(x)$ 对任何 $x \in \mathbf{R}$，满足等式 $2f(x) + f(1-x) = e^x$，求 $f(x)$.

分析 需要实现符号 x，$1-x$ 之间的转换.

参考解答 令 $t = 1-x$，则 $x = 1-t$. 代入等式，得

$$2f(1-t) + f(t) = e^{1-t}$$

由于函数的定义域为 $\mathbf{R}$，且函数的表示与用哪个变量无关，所以 $2f(1-x) + f(x) = e^{1-x}$.

与原式两边分别相加，得

$$f(x) + f(1-x) = \frac{1}{3}(e^x + e^{1-x})$$

用原式上式两端分别相减，得

$$f(x) = \frac{1}{3}(2e^x - e^{1-x}).$$

大家可以代入原式，检验所求表达式是否符合题目要求.

【收获与认识】

第二节 数列的极限【学案】

【学习目标】

1. 能通过观察数列 $\{x_n\}$ 有限项的变化趋势（或一般项的特征）正确判断数列的敛散性及极限.

2. 通过聆听老师对数列极限概念蕴涵的辩证统一关系的讲解，认识到数学知识的方法论价值，初步认识到由有限来认识无限、由量变来认识质变，进一步发展辩证唯物主义观点.

3. 掌握收敛数列的性质：唯一性、有界性、保号性.

【重、难点】 数列极限概念、性质. 极限概念与性质的理解.

【学习准备】

在正式学习极限之前，大家头脑中可能已建立了对极限的模糊认识. 会认为，极限就像渐近线一样，从一侧任意接近它的极限值，但不会超过它. 例如：只承认 $\lim\limits_{n \to +\infty} \dfrac{1}{n} = 0$，而不接受 $\lim\limits_{n \to +\infty} \dfrac{(-1)^n}{n} = 0$. 因为 $\left\{\dfrac{(-1)^n}{n}\right\}$ 是围绕 x 轴波动的而不像双曲线的渐近线一样从单侧靠近 x 轴. 这是大家头脑中形成的极限概念，虽然有可取之处，但其不是科学的极限概念.

科学的极限概念在中小学数学课程中早已涉及. $\dfrac{1}{3} = 0.333\cdots$（无限循环小

数)、双曲线的渐近线、平均速度的极限是瞬时速度、平均变化率的极限为瞬时变化率等无不包含着对极限思想的渗透和运用.

动态的描述性极限概念并不难掌握，但要真正理解极限概念往往需要人们在相当长的学习时间内（甚至要到学习微积分以后）反复体会才能深化认识.

【学习引导】

引导1　引例中刘徽的"割圆术"：割之弥细，所失弥少，割之又割，以至于不可割，则与圆合体而无所失矣. 即圆的内接正多边形面积数列 $A_1, A_2, A_3, \cdots, A_n,$ $\cdots$，当 $n \to \infty$ 时的极限值是圆的面积. 这表明这个数列极限是_____（无限次，有限次）运算的结果，这个结果确确实实是可以<u>实现</u>的，是<u>客观存在</u>的.

引导2　数列极限定义中" $n \to \infty$ 时，x_n 无限接近于某个确定的常数 a"，表明 a 是一个确定的常数，它不受变量 n，x_n 的影响和制约；x_n 无限接近于 a，即 x_n 与 a 的距离 $|x_n - a|$，在 $n \to \infty$ 时无限接近于 0.

$2 + \dfrac{1}{n}$ 随着 n 的增大，<u>越来越接近</u> 0，但<u>不是无限接近</u> 0. 所以，$\lim\limits_{n \to +\infty} \left(2 + \dfrac{1}{n}\right) \neq 0.$

引导3　通过观察数列的有限项或通项，我们可以归类得到：

（1）$\lim\limits_{n \to \infty} \dfrac{1}{n} = $ _____，$\lim\limits_{n \to \infty} \dfrac{(-1)^n}{n} = $ _____，$\lim\limits_{n \to \infty} \dfrac{n+1}{n} = \lim\limits_{n \to \infty} \left(1 + \dfrac{1}{n}\right) = $ _____，

$\lim\limits_{n \to \infty} \dfrac{2n-1}{n} = \lim\limits_{n \to \infty} \left(2 - \dfrac{1}{n}\right) = $ _____，$\lim\limits_{n \to \infty} \dfrac{1 + 2 + \cdots + n}{n^2} = \lim\limits_{n \to \infty} \dfrac{\frac{1}{2}n(n+1)}{n^2} = $

$\lim\limits_{n \to \infty} \left(\dfrac{1}{2} + \dfrac{1}{2n}\right) = $ _____，

（注意：$n \to \infty$ 时，这是无限项的和，我们不会求. 只能将其分子先求和，合并化简后，再求极限.）

$\lim\limits_{n \to \infty} \dfrac{1}{n^\alpha} = $ _____，$(\alpha > 0)$，$\lim\limits_{n \to \infty} \left(\sqrt{n+1} - \sqrt{n}\right) = \lim\limits_{n \to \infty} \dfrac{1}{\sqrt{n+1} + \sqrt{n}} = $ _____.

（2）$\lim\limits_{n \to \infty} \left(\dfrac{1}{2}\right)^n = $ _____，$\lim\limits_{n \to \infty} \dfrac{1}{4^n} = $ _____，$\lim\limits_{n \to \infty} \left(\dfrac{2}{3}\right)^n = $ _____，$\lim\limits_{n \to \infty} q^n = $ _____，$|q| < 1.$

（3）$\lim\limits_{n \to \infty} 3 = 3$，常数函数的极限等于它本身.

说明：这是需要掌握的三类极限，后面我们要以此为基础，根据运算法则，计算出更多数列的极限.

（4）$\lim\limits_{n \to \infty} (-1)^n$ 不存在，$\lim\limits_{n \to \infty} \left[1 + (-1)^n\right]$ 不存在.

（5）$\lim\limits_{n \to \infty} n$ 不存在，$\lim\limits_{n \to \infty} n^2$ 不存在，$\lim\limits_{n \to \infty} 3^n$ 不存在.

引导4　收敛数列的有界性 "收敛数列必有界" 的逆否命题 "**无界数列必发散**" 为真；逆命题 "有界数列必收敛" 不真，如 $\lim\limits_{n \to \infty} (-1)^n$ 不存在. **数列有界是数列收敛的** _____ 而非 _____ .

引导5　若 $\lim\limits_{n\to\infty} x_n = a(a>0)$，则存在正整数 N，当 $n>N$ 时，有 $x_n>0$；但是即使对任何 n，都有 $x_n>0$，也得不到 $\lim\limits_{n\to\infty} x_n = a(a>0)$ 的结论，如 $\lim\limits_{n\to\infty}\dfrac{1}{n} = 0$.

【学习拓展】

1. 能力发展

（1）证明：$\lim\limits_{n\to\infty} x_n = 0 \Leftrightarrow \lim\limits_{n\to\infty} |x_n| = 0$.

（2）如果 $\lim\limits_{n\to\infty} x_n = a(a\neq 0)$，则 $\lim\limits_{n\to\infty} |x_n| = |a|$；反之是否成立？

2. 认识提升

极限是现代数学的一个基本概念，是高等数学与初等数学的分水岭，也是一种重要的数学思想方法. 掌握极限的概念不仅是学习微积分的基础，而且对了解数学思想、追求数学严密性具有重要意义.

建立正确的极限概念，要有全面的、客观的和辩证的无穷观. 自然数列具有二重性：内蕴性和排序性. 内蕴性是指自然数列所具有的内在性质（如数论和代数研究的大部分内容），内蕴性是研究不完的. 从这个角度看自然数列，它永远处在不断构造的进程中，可不断延伸而永无尽头，在哲学上称为"潜无限"；排序性是自然数列的整体性质，微积分中所处理的如数列极限、上、下确界、实数的无穷小展开式、抽取子列等，无不以排序性的整体把握为基础. 从排序性看，必须把自然数看作完成了的无限过程，看作一个整体、一个对象，看作"实无限"，是"从延伸到穷竭的产物". 内蕴性是潜藏于自然数列中的"微观属性"，排序性则是它显示的"宏观属性". 因为它兼有上述两重属性，从而能有两种形式上对立而相合的模式，所以自然数列本质上是一种"双相无限结构". 当研究数论时，应当是潜无穷论者；当承认无穷集合 **N**，**Q** 等时，应当是一个实无穷论者；当研究诸如 $\lim\limits_{n\to\infty}\dfrac{1}{n} = 0$ 时，应当是一个双相无穷论者，因为"$n\to\infty$"既包含潜无限性质，又包含实无限性质，它在本质上具有双相无限性，而这里的极限 0 确实达到了，这里确确实实是一个精确的等式.

极限概念包括两层含义. 首先，极限是一个无穷过程，一种变化趋势. 这是从微观、从分析角度，从过程去理解，如：$\lim\limits_{n\to+\infty} (-1)^n \dfrac{1}{n} = 0$ 表示当 n 无限增大时，$(-1)^n\dfrac{1}{n}$ 的值无限接近于 0. 其次，极限是一种运算结果，或者说是一个值（包括数值、函数等），求极限是一种定义在函数（包括数列）上的一元运算，这是从宏观的、从代数角度去理解，如：$\lim\limits_{n\to+\infty} (-1)^n \dfrac{1}{n} = 0$ 表示 $\lim\limits_{n\to+\infty} (-1)^n \dfrac{1}{n}$ 是一个值，它是 0. 求导数、求积分也是这个意义下的极限. 以上两方面分别对应潜无限与它的实无限两种观点，可以说，极限本身是一个包含实无限与潜无限的辩证统一，也是一个用静态去表示动态的辩证过程，它具有高度抽象性，而且包含着认知、思维、运算、哲学等多方面因素.

极限思想是研究变量在无限变化中的变化趋势，本质上是通过对变化过程中量的分析来把握变化过程质的结果，是用无限逼近的方式从有限认识无限，从量变认识质变，用近似认识精确的辩证思想. 有限与无限的辩证统一是微积分的灵魂，它贯穿微积分的始终，使微积分越来越深入.

参考解答

（1）**证明**　当 $\lim\limits_{n\to\infty}x_n=0$，根据定义有 $n\to\infty$ 时，x_n 无限接近于 0，即 $|x_n-0|=|x_n|$ 无限接近于 0，所以 $\lim\limits_{n\to\infty}|x_n|=0$；当 $\lim\limits_{n\to\infty}|x_n|=0$，有 $|x_n|=|x_n-0|$ 无限接近于 0，即 x_n 无限接近于 0，所以 $\lim\limits_{x\to\infty}x_n=0$.

（2）**证明**　若 $\lim\limits_{n\to\infty}x_n=a(a\neq0)$，则 $n\to\infty$ 时，x_n 无限接近于 a，即 $|x_n-a|$ 无限接近于 0，而 $\big||x_n|-|a|\big|\leqslant|x_n-a|$，从而 $\big||x_n|-|a|\big|$ 无限接近于 0，即 $|x_n|$ 无限接近于 $|a|$，所以 $\lim\limits_{n\to\infty}|x_n|=|a|$.

反之，不成立. 例如 $\lim\limits_{n\to\infty}|(-1)^n|=1$，但 $\lim\limits_{n\to\infty}(-1)^n$ 不存在.

猜想：如果 $|x_n|$ 不变号，结论是否成立.

【收获与认识】

第三节　函数的极限【学案】

【学习目标】

1. 理解函数极限的六个概念，能根据函数的表达式或函数图像直观确定较简单函数的极限.

2. 理解函数极限与两个单侧极限的关系，掌握极限存在的充要条件.

3. 掌握函数极限的性质：唯一性、局部有界性、局部保号性.

4. 认识到函数极限研究的是与极限过程有关的函数局部变化的性质.

【重、难点】 函数极限的概念和性质. 极限概念的理解.

【学习准备】

阅读教材，对六个函数极限有初步的印象，为课堂学习做好准备，避免课堂上 7 个定义（多）、3 个结论、3 个性质的大容量而造成记忆和理解的困难.

【数学思考】

问题 1　你对极限过程 $x\to x_0$ 是如何理解的？

参考：x_0 是确定的一个实数点，$x \to x_0$（x 趋于 x_0）是自变量 x 无限接近但不等于 x_0. $x \to x_0^-$ 是自变量 x 从 x_0 左侧无限接近但不等于 x_0，$x \to x_0^+$ 是自变量 x 从 x_0 右侧无限接近但不等于 x_0. 所以极限过程 $x \to x_0$ 包含 $x \to x_0^-$ 与 $x \to x_0^+$ 两个极限过程. 有的函数，特别是分段函数，在 x_0 两侧的表达式不同（变化趋势不同），不能统一分析，只能分开考察.

$x \to \infty$（x 趋于 ∞）是自变量 x 的绝对值 $|x|$ 无限增大，它可以是 $x \to +\infty$，即自变量 x 取正值无限增大；也可以是 $x \to -\infty$，即自变量 x 取负值无限减小（即 $|x| = -x$ 无限增大）还可能有其他形式，我们的课程中不涉及.

问题 2　你对极限 $\lim\limits_{x \to x_0} f(x)$ 是如何理解的？

$\lim\limits_{x \to x_0} f(x)$ 是函数在 x_0 附近的变化趋势，它与函数在点 x_0 有无定义，有定义时函数值 $f(x_0)$ 是多少没有关系. 但随着以后的学习我们知道，我们所研究的函数多是初等函数，初等函数在其定义域内都连续即 $\lim\limits_{x \to x_0} f(x) = f(x_0)$；如果不是初等函数就不一定有这个结论了.

问题 3　你对水平渐近线是怎么认识的？

$\lim\limits_{x \to \infty} f(x) = A$，$\lim\limits_{x \to +\infty} f(x) = A$ 或 $\lim\limits_{x \to -\infty} f(x) = A$ 的几何意义为直线 $y = A$ 是函数 $y = f(x)$ 的图像的一条水平渐近线. 例如，$\lim\limits_{x \to \infty} \dfrac{1}{x} = 0$，说明直线 $y = 0$（x 轴）是函数 $y = \dfrac{1}{x}$ 的水平渐近线. 再如 $\lim\limits_{x \to +\infty} \arctan x = \dfrac{\pi}{2}$，说明直线 $y = \dfrac{\pi}{2}$ 是反正切函数的一条水平渐近线. 但并不表明函数不能穿越渐近线，只是说明 $\lim\limits_{x \to \infty} \big| f(x) - A \big| = 0$ 罢了. 例如，$\lim\limits_{x \to \infty} \dfrac{\sin x}{x} = 0$，但 $\dfrac{\sin x}{x}$ 的符号不是一成不变的.

你能用绘图软件画出（或从网络上下载）函数 $\dfrac{\sin x}{x}$ 的图像吗？请粘贴在下方.

问题 4　函数极限的充要条件有什么用途？

函数在某点（∞ 称为无穷远点）处的极限存在需要其两个单侧极限都存在且相等；这个定理有两个用途，一是利用单侧极限求极限；二是利用单侧极限不存在或存在但不相等判断函数无极限.

问题 5　函数的极限描述的是函数的局部性质还是整体性质？

函数的极限是函数在某点（∞ 称为无穷远点）处的变化趋势，所以函数极限的性质也只是函数在某点（∞ 称为无穷远点）处附近的性质，至于函数在其他部分是怎样的，函数极限并不能告诉我们．所以函数在某点有极限只能是在这点局部有界，局部保号．

问题6 基本初等函数的极限怎么求？

结论：基本初等函数在某点的极限，等于函数在该点的函数值（区间端点处的极限是单侧极限）．将基本初等函数求极限的无限运算转变成初等运算，解决了基本初等函数求极限的问题．初等函数是由基本初等函数经过有限次四则运算与有限次复合而成的，所以，这个定理引出了下节的基本内容．

【归纳总结】

1. 自变量 $x \to x_0$ 时函数的极限：_____.

自变量 $x \to x_0^-$ 时函数的极限：_____.

自变量 $x \to x_0^+$ 时函数的极限：_____.

定理1 两个单侧极限的关系：_____.

2. 自变量 $x \to \infty$ 时函数的极限：_____.

自变量 $x \to -\infty$ 时函数的极限：_____.

自变量 $x \to +\infty$ 时函数的极限：_____.

定理2 两个极限的关系：_____.

3. 极限的性质

自变量六种变化情形下，函数极限的唯一性、局部有界性、局部保号性．

【学习拓展】

下列极限是否存在，如果存在将其求出．

(1) $\lim\limits_{x \to 0} |x|$. (2) $\lim\limits_{x \to 0} \text{sgn} x$. (3) $\lim\limits_{x \to x_0} [x]$. (4) $\lim\limits_{x \to x_0} \{x\}$.

观察法求函数极限．

参考解答 可以先画出这四个函数的图像，看着图像求极限既方便又不容易出错．

(1) 因为 $\lim\limits_{x \to 0^+} |x| = \lim\limits_{x \to 0^+} x = 0$，$\lim\limits_{x \to 0^-} |x| = \lim\limits_{x \to 0^-} (-x) = 0$，所以 $\lim\limits_{x \to 0} |x| = 0$.

(2) 因为 $\lim\limits_{x \to 0^+} \text{sgn} x = \lim\limits_{x \to 0^+} 1 = 1$，$\lim\limits_{x \to 0^-} \text{sgn} x = \lim\limits_{x \to 0^-} (-1) = -1$，由于 $1 \neq -1$，所以 $\lim\limits_{x \to 0} \text{sgn} x$ 不存在．

(3) 当 x_0 为整数时，$\lim\limits_{x \to x_0^-} [x] = x_0 - 1$，$\lim\limits_{x \to x_0^+} [x] = x_0$，所以 $\lim\limits_{x \to x_0} [x]$ 不存在；当 x_0 不是整数时，$\lim\limits_{x \to x_0} [x] = [x_0]$.

(4) 当 x_0 为整数时，$\lim\limits_{x \to x_0^-} \{x\} = \lim\limits_{x \to x_0^-} (x - [x]) = x_0 - (x_0 - 1) = 1$，$\lim\limits_{x \to x_0^+} \{x\} = \lim\limits_{x \to x_0^+} (x - [x]) = \lim\limits_{x \to x_0^+} (x_0 - x_0) = 0$，所以 $\lim\limits_{x \to x_0} \{x\}$ 不存在；当 x_0 不是整数时，$\lim\limits_{x \to x_0} \{x\} = \lim\limits_{x \to x_0} (x - [x]) = x_0 - [x_0]$.

【收获与认识】

第四节　极限的运算法则【学案】

【学习目标】

1. 掌握无穷小与无穷大的概念、理解无穷小与无穷大的关系，并能互相转化.

2. 掌握无穷小的性质，能够用无穷小的性质求解一些简单函数的极限.

3. 掌握极限的运算法则，明确其适用的条件.

【重、难点】无穷小的性质、极限的运算法则. 看清具体函数的结构，利用对应法则求出函数极限.

具体函数的搭配往往分不清楚，而不能正确应用定理.

【学习准备】

1. 了解学习极限运算法则的必要性.

2. 了解本节先处理无穷小的思路或方法.

本节教材先介绍无穷小的知识，有三个理由，一是本节极限的运算法则是用无穷小的知识来证明的；二是无穷小是应用最多的一种极限类型；三是以 A 为极限的函数与无穷小等价，都可以转化为无穷小来处理. 所以从无穷小开始研究具有普遍性.

本节有无穷小、无穷大两个定义，关于无穷小的 7 个性质或结论，两个极限的运算法则. 还要应用法则求函数极限的多种类型：$x \to x_0$ 时，有理分式函数的 3 种情况，$x \to \infty$ 时，有理分式函数的 3 种情况. 变量代换的方法，分子或分母有理化的方法. 内容较多，如果课下没有了解，课上压力会较大.

【数学思考】

问题 1　举出你学过的无穷小、无穷大的数列或函数的例子.

问题 2　很小的数是否为无穷小？

0 是否为无穷小？

很大的数是否为无穷大？

无界函数是否为无穷大？

问题 3　无穷小与无穷大的关系如何？

问题 4　无穷小与无穷小的商是否为无穷小？

问题 5　无穷小与无穷大的积是否为无穷小？

问题 6　在某个极限过程中：

如果两个函数的极限都不存在，则和函数（或差函数）的极限是否存在？

如果一个函数的极限存在，另一个函数的极限不存在，和函数（或差函数）的极限是否存在？

【归纳总结】

1. 无穷小的性质（在自变量的同一变化过程中）

结论 1　$\alpha(x)$ 为无穷小的 ＿＿＿ 条件是 $|\alpha(x)|$ 为无穷小.

结论 2　有限个无穷小的和是 ＿＿＿＿.

结论 3　＿＿＿＿＿ 与无穷小的乘积是 ＿＿＿，**特别地**，无穷小与无穷小的乘积是 ＿＿＿＿.

结论 4　有限个无穷小的线性组合是无穷小.

结论 5　（无穷小与无穷大的关系）不为 0 的无穷小的倒数是 ＿＿＿＿，无穷大的倒数是 ＿＿＿.

结论 6　$\lim f(x) = A$ 的充要条件是 ＿＿＿＿＿＿＿＿＿＿＿＿＿＿＿＿＿＿. 由这个结论，可以将任意常数极限转化为无穷小来处理. 从而研究无穷小具有一般性，无穷小的性质也多.

2. 极限的运算法则（自变量的同一极限变化情形）

（1）极限的四则运算法则（极限运算与四则运算可以交换运算顺序）

如果两个函数的极限**都存在**，那么这两个函数的 ＿＿＿＿＿＿＿＿＿＿＿＿，分别等于 ＿＿＿＿＿＿＿＿＿＿＿；又若分母函数的极限 ＿＿＿＿，则商函数的极限等于 ＿＿＿＿＿＿＿.

注意：极限的运算法则只适用于**有限个**函数的情形. 试问如下的用法是否正确？

$$\lim_{n \to \infty} \frac{1 + 2 + \cdots + n}{n^2} = \lim_{n \to \infty} \frac{1}{n^2} + \lim_{n \to \infty} \frac{2}{n^2} + \cdots + \lim_{n \to \infty} \frac{n}{n^2}.$$

（2）复合函数极限的运算法则

如果复合函数的内、外函数都有极限，且极限过程可以衔接，那么复合函数的极限也存在，且等于 ＿＿＿＿＿＿＿＿＿＿＿＿＿＿＿＿＿＿＿＿.

【方法与题型】请各类分别举一个例子.

1. 求极限 $\lim\limits_{x \to 0} x^2 \sin \dfrac{1}{x}$（利用无穷小的性质求极限）

分析　这里的函数是两个函数乘积的形式，根据无穷小的性质，需要看清一个函数是无穷小，另一个函数是无穷小或是有界函数.

参考解答　因为 $\lim\limits_{x \to 0} x^2 = 0$，$\left| \sin \dfrac{1}{x} \right| \leqslant 1$，所以 $\lim\limits_{x \to 0} x^2 \sin \dfrac{1}{x} = 0$.

$x \to x_0$ 型

2. 求 $\lim\limits_{x\to2}\dfrac{x^3-1}{2x^2-5x+3}$（分母、分子都不是无穷小，直接应用商的法则）

分析　有理分式的极限，首先考虑分母的极限是否为 0，如果不为 0 用极限的商的运算法则，如果为 0，再考虑分子的极限是否为 0.

参考解答

$$\lim_{x\to2}\frac{x^3-1}{2x^2-5x+3}=\frac{\lim\limits_{x\to2}(x^3-1)}{\lim\limits_{x\to2}(x^2-5x+3)}=\frac{\lim\limits_{x\to2}x^3-\lim\limits_{x\to2}1}{\lim\limits_{x\to2}x^2-5\lim\limits_{x\to2}x+3}$$

$$=\frac{2^3-1}{2^2-5\times2+3}=-\frac{7}{3}$$

进一步一般化：在 $x\to x_0$ 时，求有理分式函数的极限，如果分子、分母在这点都有定义，且分母的函数值不为 0，则其极限就等于分式函数在这点的函数值.

3. 求 $\lim\limits_{x\to2}\dfrac{x^2+x-6}{x^2-4}$（分母、分子都含有同一个无穷小）

分析　分子、分母含有同一个无穷小，先将无穷小显化，约去，再用运算法则.

参考解答　$\lim\limits_{x\to2}\dfrac{x^2+x-6}{x^2-4}=\lim\limits_{x\to2}\dfrac{(x+3)(x-2)}{(x+2)(x-2)}$　转化为上一种类型.

4. 求 $\lim\limits_{x\to1}\dfrac{2x-3}{x^2-5x+4}$（分母是无穷小，分子不是无穷小）

分析　分母是无穷小，分子有极限，此时函数是无穷大非正常极限，没法应用商的法则，如果利用无穷大与无穷小的关系，颠倒其分子、分母，则转化为正常极限，可以运用商的法则.

参考解答　因为 $\lim\limits_{x\to1}\dfrac{x^2-5x+4}{2x-3}=\cdots=0$，所以 $\lim\limits_{x\to1}\dfrac{2x-3}{x^2-5x+4}=\infty$.

$x\to\infty$ 型

5. 求 $\lim\limits_{x\to\infty}\dfrac{4x^3+\arctan x}{7x^3-5x+4}$（分子、分母的次数相同）

分析　因为 $x\to\infty$ 时，$\dfrac{1}{x^n}$ 这样的函数才有极限. 所以要用 x 的最高次幂去除分子、分母，得到的式子就有极限了.

参考解答　$\lim\limits_{x\to\infty}\dfrac{4x^3+\arctan x}{7x^3-5x+4}=\lim\limits_{x\to\infty}\dfrac{4+\dfrac{\arctan x}{x^3}}{7-\dfrac{5}{x^2}+\dfrac{4}{x^3}}=\cdots=\dfrac{4}{7}$.

其中，$\lim\limits_{x\to\infty}\dfrac{1}{x^3}=0$，$|\arctan x|\leqslant\dfrac{\pi}{2}$，$\lim\limits_{x\to\infty}\dfrac{\arctan x}{x^3}=0$.

6. 求 $\lim\limits_{x \to \infty} \dfrac{3x^2+2}{7x^3-5x+4}$ （分子的次数低于分母的次数）

分析 用 x 的最高次幂去除分子、分母.

参考解答 $\lim\limits_{x \to \infty} \dfrac{3x^2+2}{7x^3-5x+4} = \lim\limits_{x \to \infty} \dfrac{\dfrac{3}{x}+\dfrac{2}{x^3}}{7-\dfrac{5}{x^2}+\dfrac{4}{x^3}} = \cdots = \dfrac{0}{7} = 0.$

7. 求 $\lim\limits_{x \to \infty} \dfrac{4x^3+3x^2+2}{7x^2-5x+4}$ （分子的次数高于分母的次数，要化归为 6 中的情形）

参考解答 因为 $\lim\limits_{x \to \infty} \dfrac{7x^2-5x+4}{4x^3+3x^2+2} = \cdots = 0$，所以 $\lim\limits_{x \to \infty} \dfrac{4x^3+3x^2+2}{7x^2-5x+4} = \infty.$

一般结论：

8. 求 $\lim\limits_{x \to 4} \dfrac{\sqrt{2x+1}-3}{x-4}$ （分子有理化）

（1）**分析** 分子、分母都有同一个无穷小，需要利用平方差公式，把分子有理化，将分子中无穷小显化，然后约去.

参考解答 $\lim\limits_{x \to 4} \dfrac{\sqrt{2x+1}-3}{x-4} = \lim\limits_{x \to 4} \dfrac{\left(\sqrt{2x+1}-3\right)\left(\sqrt{2x+1}+3\right)}{(x-4)\left(\sqrt{2x+1}+3\right)} = \lim\limits_{x \to 4} \dfrac{2}{\sqrt{2x+1}+3} = \dfrac{1}{3}.$

（2）**变量代换法**

参考解答 令 $t = \sqrt{2x+1}$ （外函数），则 $x \to 4$，$t \to 3$，且 $t \neq 3$. 代入上式有

$$\lim\limits_{x \to 4} \dfrac{\sqrt{2x+1}-3}{x-4} = \lim\limits_{t \to 3} \dfrac{t-3}{\dfrac{t^2-1}{2}-4} = \lim\limits_{t \to 3} \dfrac{2(t-3)}{(t+3)(t-3)} = \dfrac{1}{3}.$$

【反思与小结】

1. 无穷小是处理极限问题的基本方法，以不为 0 的常数为极限的函数、无穷大等也常常转化为无穷小来处理，无穷小的性质较多，对于求一些初等函数的极限非常有帮助.

2. 注意极限四则运算的法则只有在两个函数的极限都存在时才能应用，如果其中一个函数的极限不存在也不能应用.

3. 本节中 $x \to x_0$ 的极限共有三种求法，一是多项式函数或有理分式函数的分子有极限，分母的极限不是无穷小，可以用运算法则直接求极限；二是有理分式函数的分子、分母的极限都是无穷小，可以把分子、分母中的无穷小显化，再约掉转化为一的情形；三是分母为无穷小，分子极限是不为 0 的常数，则其倒数是无穷小，从而函数的极限是无穷大.

$x \to \infty$ 时，有理分式函数极限的求法是其分子、分母除以其中的最高次项，结果有三种：分子、与分母的次数相同时，极限为最高次项的系数比；分子的次数小于分母的次数时，极限是无穷小；分子的次数大于分母的次数时，极限是无穷大.

4. 变量代换，分子或分母有理化是求极限的常用方法.

【学习拓展】

1. 铅直渐近线

如果 $\lim\limits_{x \to x_0} f(x) = \infty$（或 $\lim\limits_{x \to x_0^+} f(x) = \infty$，$\lim\limits_{x \to x_0^-} f(x) = \infty$），则称直线 $x = x_0$ 为函数 $y = f(x)$ 的图像的铅直渐近线. 函数图像不会穿过铅直渐近线.

2. 斜渐近线

如果 $\lim\limits_{x \to \infty} \dfrac{f(x)}{x} = k$，$\lim\limits_{x \to \infty} [f(x) - kx] = b$，那么则称直线 $y = kx + b$ 为函数 $y = f(x)$ 的图像的斜渐近线.（水平渐近线是斜渐近线的特例）

例如，函数 $f(x) = \dfrac{b}{a} \sqrt{x^2 - b^2}$（双曲线在 x 轴上的部分）.

$$\lim_{x \to \infty} \frac{f(x)}{x} = \frac{b}{a} \lim_{x \to \infty} \frac{\sqrt{x^2 - a^2}}{x} = \lim_{x \to \infty} \pm \frac{b}{a} \sqrt{1 - \left(\frac{a}{x}\right)^2} = \pm \frac{b}{a}.$$

而

$$\lim_{x \to +\infty} \left[f(x) - \frac{b}{a}x \right] = \lim_{x \to +\infty} \left[\frac{b}{a} \sqrt{x^2 - a^2} - \frac{b}{a}x \right] = -\frac{b}{a} \lim_{x \to +\infty} \frac{a^2}{\sqrt{x^2 - a^2} + x} = 0,$$

$$\lim_{x \to -\infty} \left[f(x) + \frac{b}{a}x \right] = \lim_{x \to -\infty} \left[\frac{b}{a} \sqrt{x^2 - a^2} + \frac{b}{a}x \right] = -\frac{b}{a} \lim_{x \to -\infty} \frac{a^2}{\sqrt{x^2 - a^2} - x} = 0.$$

所以，函数 $f(x) = \dfrac{b}{a} \sqrt{x^2 - a^2}$ 的图像的斜渐近线是直线 $y = \pm \dfrac{b}{a}x$. 和中学数学中关于双曲线的渐近线的结论一致.

3. 和差化积公式

由于 $\sin(\alpha + \beta) = \sin\alpha\cos\beta + \cos\alpha\sin\beta$，$\sin(\alpha - \beta) = \sin\alpha\cos\beta - \cos\alpha\sin\beta$，两式两边分别相减，得 $2\cos\alpha\sin\beta = \sin(\alpha + \beta) - \sin(\alpha - \beta)$，令 $\alpha + \beta = \theta$，$\alpha - \beta = \delta$，则 $\sin\theta - \sin\delta = 2\cos\dfrac{\theta + \delta}{2} \sin\dfrac{\theta - \delta}{2}$.

其他三个和差化积公式可以仿此推出，写出来，贴到课桌或课本上.

【收获与认识】

第五节　极限存在准则与重要极限【学案】

【学习目标】

1. 掌握两个重要准则.

2. 能根据单位圆中角、三角函数之间的大小关系，用夹逼准则推导出极限 $\lim\limits_{x\to 0}\dfrac{\sin x}{x}=1$.

3. 能据单调有界准则确定数列极限的存在性，得到极限 $\lim\limits_{x\to\infty}\left(1+\dfrac{1}{x}\right)^x=e$.

4. 掌握两个重要极限常用的变式，能够求解直接应用两个重要极限的题目，或通过变量代换后应用两个重要极限的题目.

5. 理解两个重要极限的证明过程，进一步认识分类、从特殊到一般、代换、化归等数学方法，体会数形结合思想、极限思想.

【重、难点】 两个重要极限. 极限存在准则I和准则II. 两个重要极限的证明和应用.

【学习准备】

这节的内容是求函数极限的技巧，一般来说短时间内很难发现技巧，我们需要的是接受、理解和应用.

本节有两个准则，由两个准则导出两个重要极限：$\lim\limits_{x\to 0}\dfrac{\sin x}{x}=1$，$\lim\limits_{x\to\infty}\left(1+\dfrac{1}{x}\right)^x=e$. 当然最重要的是应用两个重要极限或其变式，求一些函数的极限. 应用两个准则推导两个重要极限逻辑性、条理性较强，需要较扎实的基础、较强的思维能力，需要记忆的结论也比较多，所以课前最好有所阅读，做好课堂学习的准备. 如果课下没有了解，课上压力较大.

【数学思考】

问题 1 夹逼准则怎样应用？

问题 2 $\lim\limits_{x\to 0}x=0$，$\lim\limits_{x\to 0}\sin x=0$，但是在点 0 附近，$x\neq\sin x$ 不是同一个无穷小，$\lim\limits_{x\to 0}\dfrac{\sin x}{x}=?$

我们观察不出来，商的运算法则也失效. 要探讨这两个无穷小之间的关系，进一步拓展对无穷小的认识.

问题 3 单调有界准则怎样应用？

能判断数列的单调性、有界性后可以确定数列有极限，至于极限是多少，可以用其他方法去求.

问题 4 两个重要极限中的变量 x，仅仅代表自变量，还是有更广泛的含义？

问题 5 两个重要极限有哪些变式形式？试举例说明.

问题 6 在同一个极限过程下，如果幂指函数的底数和指数都有极限，且底数的极限大于 0，怎样将其转化为初等函数的形式，求其极限？

【归纳总结】

结论 1 重要极限 $\lim\limits_{x\to 0}\dfrac{\sin x}{x}=1$ 的变式有 _____.

结论 2 在 $x \to 0$ 时，与 x 的比极限为 1 的无穷小有 _____

_____，与 x^2 的比极限为常数的无穷小有 _____.

结论 3 重要极限 $\lim\limits_{x \to \infty} \left(1 + \dfrac{1}{x}\right)^x = e$ 的变式有 _____

_____.

结论 4 幂指函数的极限 _____

_____.

【方法与题型】 请各类分别举出一个例子.

1. 利用夹逼准则证明数列或函数的极限

（1）证明：$\lim\limits_{n \to \infty} n \left(\dfrac{1}{n^2 + 1} + \dfrac{1}{n^2 + 2} + \cdots + \dfrac{1}{n^2 + n}\right) = 1$.

参考解答　因为 $\dfrac{n^2}{n^2 + n} \leqslant n \left(\dfrac{1}{n^2 + 1} + \dfrac{1}{n^2 + 2} + \cdots + \dfrac{1}{n^2 + n}\right) \leqslant \dfrac{n^2}{n^2 + 1}$，而 $\lim\limits_{n \to \infty} \dfrac{n^2}{n^2 + n} =$

1，$\lim\limits_{n \to \infty} \dfrac{n^2}{n^2 + 1} = 1$，根据夹逼准则，所以 $\lim\limits_{n \to \infty} n \left(\dfrac{1}{n^2 + 1} + \dfrac{1}{n^2 + 2} + \cdots + \dfrac{1}{n^2 + n}\right) = 1$.

（2）证明：$\lim\limits_{x \to 0^+} x \left[\dfrac{1}{x}\right] = 1$.

参考解答　因为 $x \cdot \left(\dfrac{1}{x} - 1\right) \leqslant x \left[\dfrac{1}{x}\right] < x \cdot \dfrac{1}{x} = 1$，而 $\lim\limits_{x \to 0^+} x \cdot \left(\dfrac{1}{x} - 1\right) =$

$\lim\limits_{x \to 0^+} (1 - x) = 1$，$\lim\limits_{x \to 0^+} x \cdot \dfrac{1}{x} = 1$，根据夹逼准则，所以 $\lim\limits_{x \to 0^+} x \left[\dfrac{1}{x}\right] = 1$.

2. 利用重要极限 $\lim\limits_{x \to 0} \dfrac{\sin x}{x} = 1$ 求极限

求 $\lim\limits_{x \to \infty} x^2 \left(\cos \dfrac{2}{x} - 1\right)$.

参考解答　$\lim\limits_{x \to \infty} x^2 \left(\cos \dfrac{2}{x} - 1\right) = -\lim\limits_{x \to \infty} \dfrac{1 - \cos \dfrac{2}{x}}{\left(\dfrac{1}{x}\right)^2} = -\lim\limits_{x \to \infty} \dfrac{2 \sin^2 \left(\dfrac{1}{x}\right)}{\left(\dfrac{1}{x}\right)^2} = -2$.

3. 利用单调有界准则求极限

设 $x_1 = \sqrt{2}$，$x_{n+1} = \sqrt{2 + x_n} \,(n \in \mathbf{N}_+)$，证明：数列 $\{x_n\}$ 极限存在，并求此极限.

参考解答　首先用数学归纳法证明数列 $\{x_n\}$ 单调递增.

（1）当 $n = 1$ 时，$x_1 = \sqrt{2}$，$x_2 = \sqrt{2 + \sqrt{2}}$，有 $x_1 < x_2$.

（2）假设 $n = k (k \geqslant 1)$ 时，有 $x_k < x_{k+1}$. 那么当 $n = k + 1$ 时，由于 $x_{k+1} = \sqrt{2 + x_k}$，$x_{k+2} = \sqrt{2 + x_{k+1}}$，又 $x_k < x_{k+1}$，所以 $x_{k+1} < x_{k+2}$.

由（1）、（2）知，这个结论对所有的自然数都成立，即 $x_1 < x_2 < \cdots < x_n <$

$x_{n+1} < \cdots$，数列$\{x_n\}$单调递增.

下面再用数学归纳法证明数列$\{x_n\}$有上界.

（1）显然$x_1 = \sqrt{2} < 2$. （2）假设当$n \leqslant k$（$k \geqslant 1$）时，有$x_k < 2$. 那么当$n = k+1$时，有$x_{k+1} = \sqrt{2 + x_k} < \sqrt{2 + 2} = 2$. 由（1）、（2）知对所有自然数$n$，均有$x_n < 2$，即数列$\{x_n\}$有上界.

根据单调有界准则，数列$\{x_n\}$有极限. 设$\lim\limits_{n\to\infty} x_n = a$，则对等式$x_{n+1} = \sqrt{2 + x_n}$两边分别取极限，有$a = \sqrt{2 + a}$，两边平方得$a^2 - a - 2 = 0$，解得$a = 2$，$a = -1$（舍去）. 所以$\lim\limits_{n\to\infty} x_n = 2$.

4. 利用重要极限$\lim\limits_{x\to\infty}\left(1 + \dfrac{1}{x}\right)^x = \mathrm{e}$ 求极限

计算极限$\lim\limits_{x\to 0}(1 - 3x)^{\frac{5}{x}}$.

参考解答　$\lim\limits_{x\to 0}(1 - 3x)^{\frac{5}{x}} = \lim\limits_{x\to 0}[(1 - 3x)^{-\frac{1}{3x}}]^{-15} = \mathrm{e}^{-15}$.

5. 幂指函数求极限

计算极限$\lim\limits_{x\to 0}(1 - 3x)^{\frac{5+x}{x}}$.

参考解答　$\lim\limits_{x\to 0}(1 - 3x)^{\frac{5+x}{x}} = \lim\limits_{x\to 0}[(1 - 3x)^{-\frac{1}{3x}}]^{-3(5+x)} = \mathrm{e}^{\lim\limits_{x\to 0}-3(5+x)\ln(1-3x)^{-\frac{1}{3x}}} = \mathrm{e}^{-15}$.

【反思与小结】

我们求极限的装备又增强了.

1. 夹逼准则使我们可以用已知极限的量求不熟悉量的极限，把要求的极限的量适当放大或缩小，找到能求的极限的不等式两边的函数，两者的极限还要相同.

2. 重要极限之一$\lim\limits_{x\to 0}\dfrac{\sin x}{x} = 1$ 使我们得到了很多等价的无穷小，如$x \to 0, \sin x$，$\tan x, \arcsin x, \arctan x$ 是x的等价无穷小，$1 - \cos x$与$\dfrac{1}{2}x^2$是等价无穷小；同时这个极限也有多种形式，比如：$\lim\limits_{\alpha\to 0}\dfrac{\sin\alpha}{\alpha} = 1$，$\lim\limits_{x\to\infty}\dfrac{\sin\frac{1}{x}}{\frac{1}{x}} = 1$，$\lim\limits_{x\to a}\dfrac{\sin(x-a)}{x-a} = 1$ 等. 当然，这个极限是"$\dfrac{0}{0}$"型的，后面学习了洛必达法则可以直接求.

3. 重要极限之二有多种形式，比如：

$$\lim_{\beta\to\infty}\left(1 + \dfrac{1}{\beta}\right)^{\beta} = \mathrm{e}, \quad \lim_{z\to 0}(1 + z)^{\frac{1}{z}} = \mathrm{e}.$$

本极限是"1^{∞}"型的.

【课后拓展】

三倍角的正弦公式：

$$\begin{aligned}
\sin 3\theta &= \sin(2\theta + \theta) = \sin 2\theta \cos\theta + \cos 2\theta \sin\theta \\
&= 2\sin\theta\cos^2\theta + (1 - 2\sin^2\theta)\sin\theta \\
&= 2\sin\theta - 2\sin^3\theta + \sin\theta - 2\sin^3\theta \\
&= 3\sin\theta - 4\sin^3\theta.
\end{aligned}$$

大家可以仿此推导出三倍角的余弦公式后，将公式贴在课桌或课本上，方便记忆和应用．

【收获与认识】

第六节　无穷小的比较【学案】

【学习目标】

1. 了解高阶无穷小、低阶无穷小、同阶无穷小、等价无穷小的概念．
2. 掌握与 x 等价的几个典型的无穷小．
3. 能较灵活地应用与 x 等价的几个无穷小进行函数极限的运算．

【重、难点】 导出并记住与 x 等价的几个典型无穷小．灵活地应用与 x 等价的几个无穷小进行函数极限的运算．

【学习准备】

本节内容仍然是求极限的方法，前面定义的无穷小，无穷小的性质，非常方便并且有利于求函数的极限，通过上节的第一个重要极限得到了两个等价的无穷小．无穷小中，x 的幂是形式上最简单的无穷小，所以这一节中，无穷小都要和 x 的幂比较，比较出无穷小的阶数，特别是等价无穷小，在求极限方面要转化成 x 的幂，这样形式上简单、方便．

【数学思考】

问题 1　在同一极限过程下的无穷小，趋于 0 的"快慢"相同吗？举例说明．

问题 2　求解函数极限时，用适当的等价无穷小来替换可以使运算简化，等价无穷小是否可以随便替换？举例说明．

问题 3　是否可以类比无穷小的结论来定义无穷大？请尝试一下．

【归纳总结】

1. 无穷小的阶的比较（同一极限过程下）

$\lim \alpha(x) = 0(\alpha(x) \neq 0)$，$\lim \beta(x) = 0$. 设 $\lim \dfrac{\beta(x)}{\alpha(x)} = \rho$（否则，两个无穷小不可以比较）.

（1）若 $\rho = 0$，则称 $\beta(x)$ 为比 $\alpha(x)$ _____ 的无穷小，记作 _____.

（2）若 $\rho = \infty$，则称 $\beta(x)$ 为比 $\alpha(x)$ _____ 的无穷小.

（3）若 $\rho = c(\neq 0)$，则称 $\beta(x)$ 与 $\alpha(x)$ 是 _____ 无穷小.

（4）若 $\rho = 1$，则称 $\beta(x)$ 与 $\alpha(x)$ 是 _____ 无穷小.

（5）若 $\lim \dfrac{\beta(x)}{\alpha^k(x)} = c(\neq 0)$，则称 $\beta(x)$ 是 $\alpha(x)$ 的 _____ 无穷小.

2. 常用的等价无穷小

当 $x \to 0$ 时，$\sin x, \tan x, \arcsin x, \arctan x, e^x - 1, \ln(1 + x)$ 都等价于 x，因而互相等价；$1 - \cos x \sim \dfrac{1}{2}x^2, a^x - 1 \sim x \ln a, (1 + x)^\alpha - 1 \sim \alpha x$.

这些都是公式的原型，事实上，其中的变元 x 可以是任何无穷小.

3. 等价无穷小的替换只能在 _____ 的形式中，和差运算中不能替代.

【方法与题型】 请各类分别举出一个例题.

利用等价无穷小替换求极限

1. $\lim\limits_{x \to 0} \dfrac{\sqrt[3]{1+x} - 1}{\tan x}$.

参考解答 因为 $x \to 0$ 时，$\sqrt[3]{1+x} - 1 \sim \dfrac{1}{3}x$，$\tan x \sim x$，所以 $\lim\limits_{x \to 0} \dfrac{\sqrt[3]{1+x} - 1}{\tan x} = \lim\limits_{x \to 0} \dfrac{\frac{1}{3}x}{x} = \dfrac{1}{3}$.

2. $\lim\limits_{x \to e} \dfrac{\ln x - 1}{x - e}$.

参考解答 令 $t = x - e$，则 $x \to e$，$t \to 0$，$t \neq 0$，代入上式

$$\lim\limits_{x \to e} \dfrac{\ln x - 1}{x - e} = \lim\limits_{t \to 0} \dfrac{\ln(t + e) - \ln e}{t} = \lim\limits_{t \to 0} \dfrac{\ln\left(1 + \dfrac{t}{e}\right)}{t} = \lim\limits_{t \to 0} \dfrac{\frac{t}{e}}{t} = \dfrac{1}{e}.$$

【疑难解析】

求 $\lim\limits_{x \to \frac{\pi}{3}} \dfrac{\sin\left(x - \dfrac{\pi}{3}\right)}{1 - 2\cos x}$.

参考解答 令 $t = x - \dfrac{\pi}{3}$，则

$$\frac{\sin\left(x - \frac{\pi}{3}\right)}{1 - 2\cos x} = \frac{\sin t}{1 - 2\cos\left(t + \frac{\pi}{3}\right)} = \frac{\sin t}{1 - \cos t + \sqrt{3}\sin t}$$

$$= \frac{\sin t\left[1 + (\cos t - \sqrt{3}\sin t)\right]}{1 - \cos^2 t + 2\sqrt{3}\cos t \sin t - 3\sin^2 t}$$

$$= \frac{\sin t(1 + \cos t - \sqrt{3}\sin t)}{\sin t(2\sqrt{3}\cos t - 2\sin t)} = \frac{1 + \cos t - \sqrt{3}\sin t}{2\sqrt{3}\cos t - 2\sin t},$$

$$\lim_{x \to \frac{\pi}{3}} \frac{\sin\left(x - \frac{\pi}{3}\right)}{1 - 2\cos x} = \lim_{t \to 0} \frac{1 + \cos t - \sqrt{3}\sin t}{2\sqrt{3}\cos t - 2\sin t} = \frac{1 + 1 - 0}{2\sqrt{3} - 0} = \frac{\sqrt{3}}{3}.$$

【反思与小结】

　　本节内容仍然是求极限的方法. 在无穷小中, x 的幂是形式上最简单的无穷小, 所以这一节中, 无穷小都要和 x 的幂比较, 比较出无穷小的阶数, 特别是等价无穷小, 在求极限方面要转化成 x 的幂, 形式上简单、方便. 本节应用的数学思想方法有: 比较、分类、等价转化、化归.

【收获与认识】

第七节　函数的连续性【学案】

【学习目标】

　　1. 理解函数连续的概念, 掌握函数在某点连续的充要条件, 能根据定义或充要条件判断函数的连续性.

　　2. 会判断函数间断点的类型.

　　3. 能够判断函数在区间上的连续性.

【重、难点】 连续的概念, 间断点类型的判断. 连续的定义, 间断点的分类.

【学习准备】

　　函数的连续性是用函数极限概念研究函数的第一个分析学性质. 它是刻画函数在自变量有很小的变化时函数变化也很小, 在图像上表现为曲线的接连不断. 函数的连续性是进一步研究函数其他性质的基础. 本节内容有函数在某点连续的两个等价的定义, 函数在某点连续的充要条件, 函数的间断点定义、间断点的分类和初等函数的连续性. 本节应用的数学思想方法有数形结合、通过局部认识整体、分类讨论等数学思想方法. 内容较多, 如果课下没有了解, 课上压力较大.

【数学思考】

问题 1　与函数在某点的极限相比，函数在某点处连续的定义还需具备什么条件？

问题 2　连续函数的两个定义，一个是用函数的极限值来定义，一个是用无穷小定义的．你能证明函数在某点连续的两个定义等价吗？

根据前述我们用观察法求函数极限的经验，前一种定义方式可能更适合我们对"连续"这个词义的理解．但后一种定义方式更适合我们用无穷小为工具研究函数的方法或体系．通过后面的学习我们知道，连续是在 $\Delta x \to 0$ 时，Δy 是否为无穷小；导数是在 $\Delta x \to 0$ 时，$\dfrac{\Delta y}{\Delta x}$ 是否存在；微分是在 $\Delta x \to 0$ 时，$\mathrm{d}y \approx \Delta y$．

问题 3　函数的连续性也是函数的局部性质，怎样将函数在某点处连续拓展为函数在区间 I 上连续？

问题 4　函数在某点处间断（不连续），可能是什么情形？

问题 5　函数的间断点我们学过的有几种？分为几类？

问题 6　利用初等函数在定义域内的连续性的定义，可以解决我们一直讨论的什么问题？

【归纳总结】

1. 函数的连续性

结论 1　函数 $f(x)$ 在点 x_0 连续的充要条件是函数在点 x_0 处＿＿＿＿＿＿＿＿＿＿＿＿＿＿＿＿＿＿＿＿＿＿＿＿＿＿＿．

结论 2　基本初等函数在其定义域内是＿＿＿＿＿＿＿＿＿＿＿＿＿＿＿＿＿．

结论 3　初等函数在其定义区间上都是＿＿＿＿＿＿＿＿＿＿＿＿＿＿＿＿＿．

2. 函数的间断点

结论 4　如果 x_0 是间断点，且＿＿＿＿＿＿＿＿＿＿＿＿＿＿＿＿＿，那么称 x_0 是函数的第一类间断点．

结论 5　＿＿＿＿＿＿＿＿＿＿＿＿＿＿＿＿＿＿＿称为第一类间断点，＿＿＿＿＿＿＿＿＿＿＿＿＿＿＿＿＿称为第二类间断点．

【典型例子】

1. 绝对值函数 $y = |x|$ 在 $x = 0$ 点处＿＿＿＿＿．

2. 函数 $f(x) = \dfrac{\sin x}{x}$ 在点 $x = 0$ 没定义自然间断，但 $\lim\limits_{x \to 0} \dfrac{\sin x}{x} = 1$，所以点 $x = 0$ 是函数的＿＿＿间断点．

3. 符号函数 $y = \operatorname{sgn} x$ 在 $x = 0$ 点处间断，$x = 0$ 是＿＿＿＿＿＿间断点，跳跃度是＿＿＿＿．

4. 函数 $f(x) = \sin \dfrac{1}{x}$，在点 $x = 0$ 没定义自然间断，$x = 0$ 是其＿＿＿＿＿＿间断点．

利用绘图软件画出这个函数的图像，或者是从网络上下载，粘贴在此处.

5. 函数 $y = \tan x$，在 $x = k\pi + \dfrac{\pi}{2}$，$k \in \mathbf{Z}$ 处无定义自然间断，点 $x = k\pi + \dfrac{\pi}{2}$，$k \in \mathbf{Z}$ 是其 _____ 间断点.

请你举出各类间断点的函数例子.

【方法与题型】 请各类分别举出一个例题.

1. 判断函数的连续性

设 $f(x) = \begin{cases} x\sin\dfrac{1}{x}, & x \neq 0, \\ 0, & x = 0. \end{cases}$ 讨论函数在 $(-\infty, +\infty)$ 内的连续性.

参考解答　因为在 $(-\infty, 0) \cup (0, +\infty)$ 内，$f(x) = x\sin\dfrac{1}{x}$ 是初等函数，因而是连续的. 又 $\lim\limits_{x \to 0} f(x) = \lim\limits_{x \to 0} x\sin\dfrac{1}{x} = 0 = f(0)$，在点 $x = 0$ 处连续. 所以 $f(x)$ 在 $(-\infty, +\infty)$ 内连续.

利用数学软件画出这个函数的图像，或者是从网络上下载，粘贴在此处.

2. 根据函数的连续性求参数的值

要使函数 $f(x) = \begin{cases} \dfrac{1-\cos x}{x^2}, & x > 0, \\ a, & x = 0, \\ \dfrac{\sin x}{bx}, & x < 0 \end{cases}$ 在 $(-\infty, +\infty)$ 内连续，应怎样选择其中的常数 a, b？

参考解答　函数在 $(-\infty, +\infty)$ 内除点 $x = 0$ 外都连续，在点 $x = 0$ 处，$f(0^-) = \lim\limits_{x \to 0^-} \dfrac{\sin x}{bx} = \dfrac{1}{b}$，$f(0^+) = \lim\limits_{x \to 0^+} \dfrac{1-\cos x}{x^2} = \dfrac{1}{2}$，$f(0) = a$，所以，取 $a = \dfrac{1}{2}$，$b = 2$，函数在 $x = 0$ 连续，这样函数在 $(-\infty, +\infty)$ 内连续.

3. 判断间断点的类型

$$f(x) = \frac{x}{\tan x}.$$

参考解答　函数在 $x = k\pi, k\pi + \dfrac{\pi}{2}, k \in \mathbf{Z}$ 时无定义，由于 $\lim\limits_{x \to 0} \dfrac{x}{\tan x} = 1$，$\lim\limits_{x \to k\pi} \dfrac{x}{\tan x} = \infty, k \neq 0$，$\lim\limits_{x \to k\pi + \frac{\pi}{2}} \dfrac{x}{\tan x} = 0$，所以，点 $x = 0, k\pi + \dfrac{\pi}{2}, k \in \mathbf{Z}$ 是可去间断点，若补充定义 $f(0) = 1, f\left(k\pi + \dfrac{\pi}{2}\right) = 0$，则函数在点 $x = 0, k\pi + \dfrac{\pi}{2}, k \in \mathbf{Z}$ 连续；$x = k\pi$，$k \in \mathbf{Z} - \{0\}$ 是无穷间断点.

4. 利用函数的连续性求函数极限

$$\lim_{x \to 0} \arcsin \sqrt{\frac{1-x}{2+x}} = \arcsin \sqrt{\frac{1-0}{2+0}} = \arcsin \frac{\sqrt{2}}{2} = \frac{\pi}{4}.$$

【疑难解析】

计算下列极限：

（1） $\lim\limits_{x \to 0} (\cos x)^{\frac{1}{x^2}}$.

参考解答 这个极限是"1^∞"型的，肯定要用关于 e 的那个重要极限，所以必须用三角公式化成重要极限的形式.

$$\lim_{x \to 0} (\cos x)^{\frac{1}{x^2}} = \lim_{x \to 0} \left(1 - 2\sin^2 \frac{x}{2}\right)^{\frac{1}{x^2}} = \lim_{x \to 0} \left[\left(1 - 2\sin^2 \frac{x}{2}\right)^{-\frac{1}{2\sin^2 \frac{x}{2}}} \right]^{-\frac{2\sin^2 \frac{x}{2}}{x^2}} = e^{-\frac{1}{2}}.$$

（2） $\lim\limits_{x \to 0} \dfrac{\sqrt{1+3x\tan x}-1}{x(e^x-1)}$.

参考解答 利用等价无穷小来计算：

$$\lim_{x \to 0} \frac{\sqrt{1+3x\tan x}-1}{x(e^x-1)} = \lim_{x \to 0} \frac{\frac{1}{2} \cdot 3x^2}{x \cdot x} = \frac{3}{2}.$$

（3） $\lim\limits_{x \to 0} \dfrac{\sin x(1-\cos x)}{x\ln(1+x)}$.

参考解答 可以直接利用等价无穷小来计算.

$$\lim_{x \to 0} \frac{\sin x(1-\cos x)}{x\ln(1+x)} = \lim_{x \to 0} \frac{x\left(\frac{x^2}{2}\right)}{x \cdot x} = 0.$$

（4） $\lim\limits_{x \to 0} \dfrac{\ln\tan\left(\frac{\pi}{4}+2x\right)}{\sin 3x}$.

参考解答 分子分母都是无穷小，但分子中的无穷小必须先显化.

$$\tan\left(\frac{\pi}{4}+2x\right) = \frac{1+\tan 2x}{1-\tan 2x},$$

$$\lim_{x \to 0} \frac{\ln\tan\left(\frac{\pi}{4}+2x\right)}{\sin 3x} = \lim_{x \to 0} \frac{\ln(1+\tan 2x) - \ln(1-\tan 2x)}{\sin 3x}$$

$$= \lim_{x \to 0} \frac{\ln(1+\tan 2x)}{\sin 3x} - \lim_{x \to 0} \frac{\ln(1-\tan 2x)}{\sin 3x} = \frac{2}{3} + \frac{2}{3} = \frac{4}{3}.$$

【反思与小结】

1. 函数连续有两个等价的定义，$\lim\limits_{x \to x_0} f(x) = f(x_0)$，$\lim\limits_{\Delta x \to 0} \Delta y = 0$，应根据需要灵活使用. 几何方面的解释：一个是说曲线连续不断开，一个是说自变量的增量是无穷小时函数的增量也是无穷小.

2. 函数连续的概念是用极限定义的，极限有单侧极限的概念，所以连续就有单侧连续的概念，函数在某点连续的充要条件是函数在该点既左连续又右连续.

3. 函数的连续性可以用于求极限. 在函数的连续点处，函数的极限就是函数在该点的函数值，再根据极限的四则运算法则和复合函数求极限的方法，可以把极限求到函数里边去，先求了极限再求函数值.

4. 函数无定义的点是函数的间断点，有定义但不存在极限的点是间断点，有定义、极限也存在但不等于函数值的点也是函数的间断点.

【学习拓展】

利用等价无穷小，变量代换，两个重要极限，函数的连续性等可以求较复杂的函数极限.

1. $\lim\limits_{x\to 0}\dfrac{\sqrt{1+x}-1-\dfrac{1}{2}x}{x^2}$.

参考解答　不能利用和差的极限等于极限的和差来做；因为分子是和差的形式，不能直接利用等价无穷小来计算，必须通过变量代换，将分子分母中的等价无穷小显化，再约去.

令 $u=\sqrt{1+x}$，则 $x=u^2-1$，$x\to 0$，$u\to 1$. 于是

$$\lim_{x\to 0}\frac{\sqrt{1+x}-1-\frac{1}{2}x}{x^2}=\lim_{u\to 1}\frac{u-1-\frac{1}{2}(u^2-1)}{(u^2-1)^2}=\cdots=\lim_{u\to 1}\frac{-\frac{1}{2}}{(u+1)^2}=\frac{-\frac{1}{2}}{(1+1)^2}=-\frac{1}{8}.$$

2. $\lim\limits_{x\to 0}\dfrac{\sin x-\tan x}{(\sqrt[3]{1+x^2}-1)(\sqrt{1+\sin x}-1)}$.

参考解答　分子、分母都是 x 的高阶无穷小，况且分子是和差的形式，不能直接利用等价无穷小，必须先变形，再计算.

$$\lim_{x\to 0}\frac{\sin x-\tan x}{(\sqrt[3]{1+x^2}-1)(\sqrt{1+\sin x}-1)}$$

$$=\lim_{x\to 0}\tan x\frac{(\cos x-1)}{(\sqrt[3]{1+x^2}-1)(\sqrt{1+\sin x}-1)}$$

$$=\lim_{x\to 0}\frac{x\left(-\dfrac{x^2}{2}\right)}{\dfrac{1}{3}x^2\cdot\dfrac{1}{2}x}=-3.$$

【收获与认识】

第八节　闭区间上连续函数的性质【学案】

【学习目标】

1. 记住三个定理，分清定理的条件和结论.
2. 能用三个定理进行简单的证明.

【重、难点】定理的证明与应用.　三个定理的运用.

【学习准备】

闭区间上连续函数的性质：有界性与最大值、最小值定理、零点定理、介值定理是本章的重点内容，也是难点.　课前可以画出一般的闭区间上的连续函数的图像，观察其图像，如图 1-8-1 所示，猜想其特征.

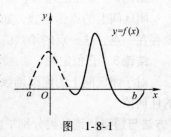

图　1-8-1

【数学思考】　本节是闭区间上连续函数的性质.

问题 1　在开区间内函数是否取得最大值和最小值？

例如，函数 $f(x)=x$ 在开区间 $(0,1)$ 内没有最大值，也没有最小值；在 $[0,1)$ 上只有最小值，没有最大值；在 $(0,1]$ 上只有最大值，没有最小值. 函数 $f(x)=1$ 在开区间 $(0,1)$ 内取得最大值，也能取得最小值. 所以，最大值、最小值定理中的区间不能换成开区间或半开半闭区间.

问题 2　在闭区间上的间断函数是否必定取得最大值和最小值？

如图 1-8-2 所示，闭区间 $[0,2]$ 上的函数 $f(x)=$
$$\begin{cases} -x+1, 0 \leq x < 1, \\ 1, x=1, \\ -x+3, 1 < x \leq 2 \end{cases}$$ 仅在 $x=1$ 间断，在其他点都连续，但函数在 $[0,2]$ 上没有最大值，也没有最小值.

问题 3　对于闭区间内间断的函数，零点定理是否成立？

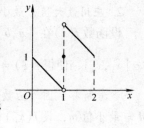

图　1-8-2

例如，函数 $f(x)=\begin{cases} -1, 0 \leq x \leq 1, \\ 1, 1 < x \leq 2 \end{cases}$ 在闭区间 $[0,2]$ 上尽管两端点的函数值异号，仅有一个间断点 $x=1$，函数在 $(0,2)$ 内没有零点.

问题 4　如果两端点的函数值不是异号，闭区间上的连续函数在开区间内是否必定存在零点？

例如，函数 $f(x)=x$ 在 $[1,2]$ 上两个端点的函数值符号相同，函数在 $(1,2)$ 内没有零点.

结论：定理的条件一定不能遗漏或改变，否则定理不一定成立.

问题 5　零点定理和介值定理有什么关系？

【归纳总结】

一段可能上下弯曲接连不断的绳子，有最高处也有最低处，并且如果两端绳头在 x 轴两侧的话，绳子至少穿过 x 轴一次.

结论 1　有界性与最大值、最小值定理

闭区间上的连续函数在＿＿＿＿＿＿＿＿＿必定取得最大值 M、最小值 m，因而有界.

结论 2　零点定理

闭区间上的连续函数，如果在两端点的函数值＿＿＿＿＿＿＿，则在＿＿＿＿至少存在一点，这一点的函数值为 0.

结论 3　介值定理

对于闭区间上的连续函数，在＿＿＿＿＿＿＿＿必定取得介于最大值和最小值之间的任何值.

【方法与题型】请各类分别举出一个例题.

1. 应用零点定理，证明方程在某个区间上有根或仅有一个根

证明：方程 $x^4 + 2x^3 - 2 = 0$ 有且仅有一个小于 1 的正根.

参考解答　设 $f(x) = x^4 + 2x^3 - 2$，则 $f(x)$ 在 $[0,1]$ 上连续，且 $f(0) = -2 < 0$，$f(1) = 1 > 0$，根据零点定理，至少存在一个 $\xi \in (0,1)$，使得 $f(\xi) = 0$. 又函数 $f(x) = x^4 + 2x^3 - 2$ 在 $[0,1]$ 上单调增加，当 $0 \leqslant x < \xi$ 时，$f(x) < 0$，当 $\xi < x \leqslant 1$ 时，$f(x) > 0$，所以函数 $f(x)$ 在 $[0,1]$ 上有且只有一个零点. 即方程 $x^4 + 2x^3 - 2 = 0$ 有且仅有一个小于 1 的正根.

2. 应用最大值、最小值定理及介值定理证明函数的取值

设函数 $f(x)$ 在 $[a,b]$ 上连续，$a < x_1 < x_2 < \cdots < x_n < b$. 证明：至少存在一点 $\xi \in [x_1, x_n]$，使得 $f(\xi) = \dfrac{1}{n}[f(x_1) + f(x_2) + \cdots + f(x_n)]$.

参考解答　因为函数 $f(x)$ 在 $[a,b]$ 上连续，所以 $f(x)$ 在 $[a,b]$ 上有最大值 M 与最小值 m，设 $f(x_k) = \max\{f(x_1), f(x_2), \cdots, f(x_n)\}$，$f(x_l) = \min\{f(x_1), f(x_2), \cdots, f(x_n)\}$，则 $m \leqslant f(x_l) \leqslant \dfrac{1}{n}[f(x_1) + f(x_2) + \cdots + f(x_n)] \leqslant f(x_k) \leqslant M$. 又 $f(x)$ 在 $[a,b]$ 上连续，根据介值定理，至少有一点 $\xi(\xi \in (x_l, x_k) \subseteq (x_1, x_n))$，使得 $f(\xi) = \dfrac{1}{n}[f(x_1) + f(x_2) + \cdots + f(x_n)]$.

【反思与小结】

三个性质定理，描述了闭区间上连续函数的基本性态，同学们应时刻牢记，随时提取. 它们经常与后续将要学习的闭区间上函数的其他性质结合应用，综合性较强.

最大值、最小值定理中的区间是闭的，零点定理与介质定理中的区间是开的.

【学习拓展】

设函数 $f(x)$，$g(x)$ 在 $[a,b]$ 上连续，且 $g(x)>0$，利用闭区间上连续函数的性质，证明：存在一点 $\xi\in[a,b]$，使 $\int_a^b f(x)g(x)\mathrm{d}x = f(\xi)\int_a^b g(x)\mathrm{d}x$.

参考解答 因为 $f(x)$，$g(x)$ 在 $[a,b]$ 上连续，所以 $f(x)g(x)$，$g(x)$ 在 $[a,b]$ 上可积，$f(x)$ 在 $[a,b]$ 上有最大值 M 和最小值 m，即 $m\leqslant f(x)\leqslant M$，$x\in[a,b]$. 又 $g(x)>0$，从而 $mg(x)\leqslant f(x)g(x)\leqslant Mg(x)$，$x\in[a,b]$，$\int_a^b g(x)\mathrm{d}x>0$

根据积分不等式，有 $m\int_a^b g(x)\mathrm{d}x \leqslant \int_a^b f(x)g(x)\mathrm{d}x \leqslant M\int_a^b g(x)\mathrm{d}x$，不等式两侧同除以

$\int_a^b g(x)\mathrm{d}x$，得 $m\leqslant \dfrac{\displaystyle\int_a^b f(x)g(x)\mathrm{d}x}{\displaystyle\int_a^b g(x)\mathrm{d}x}\leqslant M$，根据介值定理，存在一点 $\xi\in[a,b]$，使得

$$f(\xi) = \frac{\displaystyle\int_a^b f(x)g(x)\mathrm{d}x}{\displaystyle\int_a^b g(x)\mathrm{d}x}，即 \int_a^b f(x)g(x)\mathrm{d}x = f(\xi)\int_a^b g(x)\mathrm{d}x.$$

【收获与认识】

第二章 导数与微分

第一节 导数的概念【学案】

【学习目标】

1. 理解导数的概念，几何意义.
2. 会求基本初等函数的导数，会求简单的平面曲线上某点的切线方程和法线方程.
3. 理解导数的物理意义，体会数学模型化方法的意义.
4. 理解函数的可导和连续的关系.

【重、难点】 导数的概念. 导数的本质理解.

【学习准备】

复习高中学过的瞬时速度、瞬时变化率、导数，简单函数的导数.

复习函数极限，连续的定义、充要条件.

阅读教材，对两个引例、导数定义、导函数、导数的几何意义、可导的充要条件、可导与连续的关系有初步的印象，为课堂学习做好准备，避免课堂上内容丰富，信息容量大而造成记忆和理解的困难.

【数学思考】

问题 1　你对切线是割线的极限位置是如何认识的？

问题 2　你从哪几个方面来理解导数的概念？

问题 3　你对导数定义中，自变量在 x_0 处有增量 Δx，相应的函数 y 取得增量 $\Delta y = f(x_0 + \Delta x) - f(x_0)$，于是有平均变化率 $\dfrac{\Delta y}{\Delta x}$，在 $\Delta x \to 0$ 时，求瞬时变化率是怎么认识的？

问题 4　函数在某点的导数为 ∞，在几何上怎么解释？

问题 5　函数在某点的左导数、右导数和导数有什么关系？

问题 6　（举例说明）函数在某点可导与连续的关系如何？

【方法与题型】请分别举出例题.

1. 根据定义求函数的导数

求 $y = mx + b$ 的导数.

参考解答　$y' = \lim\limits_{\Delta x \to 0} \dfrac{[m(x + \Delta x) + b] - (mx + b)}{\Delta x} = \lim\limits_{\Delta x \to 0} \dfrac{m \Delta x}{\Delta x} = m.$

结论：一次函数的导数就是其图形的斜率，直线的切线就是直线本身.

2. 讨论连续性与可导性

（1）讨论函数 $y = |x|$ 在点 $x = 0$ 处的可导性.

参考解答 函数 $y = |x|$ 在点 $x = 0$ 处连续，由于 $f'_-(0) = \lim\limits_{x \to 0^-} \dfrac{|x| - 0}{x} = \lim\limits_{x \to 0^-} \dfrac{-x}{x} = -1$，$f'_+(0) = \lim\limits_{x \to 0^+} \dfrac{|x| - 0}{x} = \lim\limits_{x \to 0^+} \dfrac{x}{x} = 1$，$f'_-(0) \neq f'_+(0)$，所以函数 $y = |x|$ 在点 $x = 0$ 处不可导.

（2）设讨论函数 $f(x) = \begin{cases} \ln(1+x), & -1 < x \leq 0, \\ \sqrt{1+x} - \sqrt{1-x}, & 0 < x < 1 \end{cases}$ 在点 $x = 0$ 处的连续性与可导性.

参考解答 因为 $f(0^-) = \lim\limits_{x \to 0^-} \ln(1+x) = 0 = f(0)$，$f(0^+) = \lim\limits_{x \to 0^+} (\sqrt{1+x} - \sqrt{1-x}) = 0$，所以，函数 $f(x)$ 在点 $x = 0$ 处连续. 又

$$f'_-(0) = \lim_{x \to 0^-} \frac{\ln(1+x) - 0}{x} = 1,$$

$$f'_+(0) = \lim_{x \to 0^+} \frac{\sqrt{1+x} - \sqrt{1-x}}{x} = \lim_{x \to 0^+} \frac{2x}{x(\sqrt{1+x} + \sqrt{1-x})} = 1,$$

所以，函数 $f(x)$ 在点 $x = 0$ 处可导，导数是 1.

3. 利用导数求极限

（1）设 $f'(0)$ 存在，且 $f(0) = 0$，求 $\lim\limits_{x \to 0} \dfrac{f(x)}{x}$.

参考解答 由于 $f(0) = 0$，$f'(0)$ 存在，所以 $\lim\limits_{x \to 0} \dfrac{f(x)}{x} = \lim\limits_{x \to 0} \dfrac{f(x) - 0}{x} = \lim\limits_{x \to 0} \dfrac{f(x) - f(0)}{x} = f'(0)$.

（2）设函数 $f(x)$ 在点 x_0 处可导，求极限 $\lim\limits_{h \to 0} \dfrac{f(x_0 + h) - f(x_0 - h)}{h}$.

参考解答 因为 $f(x)$ 在点 x_0 处可导，据导数的定义，有 $f'(x_0) = \lim\limits_{h \to 0} \dfrac{f(x_0 + h) - f(x_0)}{h}$. 于是

$$\lim_{h \to 0} \frac{f(x_0 + h) - f(x_0 - h)}{h}$$

$$= \lim_{h \to 0} \frac{[f(x_0 + h) - f(x_0)] - [f(x_0 - h) - f(x_0)]}{h}$$

$$= \lim_{h \to 0} \frac{[f(x_0 + h) - f(x_0)]}{h} + \lim_{h \to 0} \frac{[f(x_0 - h) - f(x_0)]}{-h}$$

$$= 2f'(x_0).$$

4. 利用导数求参数

设函数 $f(x) = \begin{cases} \dfrac{2}{x^2+1}, & x \leq 1 \\ ax+b, & x > 1 \end{cases}$，在点 $x = 1$ 处可导，求 a, b.

参考解答　函数 $f(x)$ 在点 $x = 1$ 处可导，有函数在点 $x = 1$ 处连续，则

$$f(1^+) = \lim_{x \to 1^+}(ax+b) = a+b = f(1) = 1,$$

又根据可导性，有

$$f'_-(1) = \lim_{\Delta x \to 0^-} \frac{\dfrac{2}{(1+\Delta x)^2+1} - 1}{\Delta x} = \lim_{\Delta x \to 0^-} \frac{-[2\Delta x + (\Delta x)^2]}{\Delta x[(1+\Delta x)^2+1]} = -1,$$

$$f'_+(1) = \lim_{\Delta x \to 0^+} \frac{a(1+\Delta x)+b-1}{\Delta x} = \lim_{\Delta x \to 0^+} \frac{a\Delta x + (a+b-1)}{\Delta x} = a,$$

$$a = -1,$$

所以，$a = -1$，$b = 2$.

5. 求曲线上某点处的切线与法线方程

求曲线 $y = x^2$ 在点 (1,1) 处的切线方程.

参考解答　根据导数的几何意义以及导数公式，$k = y'\big|_{x=1} = 2 \times 1 = 2$，得曲线 $y = x^2$ 在点 (1,1) 处的切线方程为：$y - 1 = 2(x-1)$，即 $2x - y - 1 = 0$. 同学可以自己写出法线方程.

【典型例子】

1. 绝对值函数 $y = |x|$ 在点 $x = 0$ 处不可导，函数在 $x = 0$ 处的左导数为 -1、右导数为 1，单侧导数都存在但不相等，故 (0,0) 是函数图像的尖点，曲线在 (0,0) 点无切线.

2. 函数 $y = x^3$ 在点 $x = 0$ 处可导且导数为 0，曲线在点 (0,0) 有水平切线 x 轴.

3. 函数 $y = \sqrt[3]{x}$ 在点 $x = 0$ 处不可导，但曲线在 (0,0) 点有垂直切线 y 轴.

【归纳总结】

1. 导数的定义式中，函数的增量 $\Delta y = f(x_0 + \Delta x) - f(x_0)$ 是对应于自变量的增量 Δx 的，Δx 本身可正、可负，不要管自变量的增量用什么符号表示，也不用考虑其系数是多少，只要函数的增量是对应于自变量的增量的，自变量的增量趋于零时，平均变化率的极限就是瞬时变化率，即函数在该点的导数. 这一点必须把握住，否则就会被形式化的表示所迷惑.

2. 函数在点 x_0 的导数的几何意义是其曲线在点 $(x_0, f(x_0))$ 处切线的斜率，函数在点 x_0 不可导可能是曲线在点 $(x_0, f(x_0))$ 处不存在切线，如曲线 $y = |x|$ 在点 (0,0) 处无切线；也可能是函数在这点有切线，但切线的斜率不存在，这样曲

线在点 $(x_0, f(x_0))$ 处有铅直切线，如曲线 $y = \sqrt[3]{x}$ 在 $(0,0)$ 处有铅直切线.

3. 函数在某点可导的充分必要条件是函数在该点处存在左、右两个单侧导数且相等.

4. 函数在某点可导是函数在该点连续的充分不必要条件.

5. 导数可以从五个方面来理解：瞬时速度等应用背景、几何意义、瞬时变化率的意义、形式化的公式、导函数.

6. 几个求导公式.

常数函数的导数：

幂函数的导数：

指数函数的导数：

对数函数的导数：

正弦函数、余弦函数的导数：

7. 如果函数在 $x = 0$ 点处的函数值 $f(0) = 0$，则导数表达式为 $f'(0) = \lim\limits_{x \to 0} \dfrac{f(x)}{x}$.

注意求导的形式.

【学习拓展】

1. 可导的偶函数的导函数是奇函数.

参考证明 设函数 $f(x)$，$x \in D$ 为偶函数，则有 $f(-x) = f(x)$，$x \in D$. 于是

$$
\begin{aligned}
f'(-x) &= \lim_{\Delta x \to 0} \frac{f(-x + \Delta x) - f(-x)}{\Delta x} \\
&= \lim_{\Delta x \to 0} \frac{f(-(x - \Delta x)) - f(-x)}{\Delta x} \\
&= -\lim_{\Delta x \to 0} \frac{f(x - \Delta x) - f(x)}{-\Delta x} = -f'(x).
\end{aligned}
$$

所以，$f'(x)$ 为奇函数.

2. 可导的奇函数的导函数是偶函数.

参考证明 设函数 $f(x)$，$x \in D$ 为奇函数，则有 $f(-x) = -f(x)$. 于是

$$
\begin{aligned}
f'(-x) &= \lim_{\Delta x \to 0} \frac{f(-x + \Delta x) - f(-x)}{\Delta x} \\
&= \lim_{\Delta x \to 0} \frac{f(-(x - \Delta x)) - f(-x)}{\Delta x} \\
&= \lim_{\Delta x \to 0} \frac{-[f(x - \Delta x) - f(x)]}{\Delta x} = f'(x).
\end{aligned}
$$

所以，$f'(x)$ 为偶函数.

3. 可导的周期函数的导函数是具有相同周期的周期函数.

参考证明 设函数 $f(x)$，$x \in D$ 是以 T 为周期的周期函数，则有 $f(x + T) = f(x)$，$x \in D$. 于是

$$f'(x+T) = \lim_{\Delta x \to 0} \frac{f(x+T+\Delta x) - f(x+T)}{\Delta x} = \lim_{\Delta x \to 0} \frac{f(x+\Delta x) - f(x)}{\Delta x}$$

$$= f'(x).$$

所以，函数 $f'(x), x \in D$ 也是以 T 为周期的周期函数.

【收获与认识】

第二节　求导法则【学案】

【学习目标】

1. 掌握导数的四则运算法则.

2. 掌握基本初等函数的求导公式.

3. 理解反函数的求导方法，会求反函数的导数.

4. 掌握复合函数的求导法则，并能熟练运用.

【重、难点】 导数的四则运算法则，复合函数的求导法则. 复合函数的求导.

【学习准备】

复习高中学过的求导公式. 极限的四则运算法则.

阅读教材，记忆基本求导公式，四则运算法则、反函数求导法则、复合函数求导法则，为课堂学习做好准备，避免课堂上信息容量大而造成记忆和理解的困难.

【数学思考】

问题 1　你对求导运算与和、差运算交换运算顺序是如何理解的？

问题 2　求导运算与函数的数乘运算是否可以交换运算顺序？

问题 3　求导运算与积、商运算能否交换运算顺序？

问题 4　你对反函数的导数是直接函数导数的倒数是如何理解的，其符号表示对你有什么启发？

问题 5　说说你对复合函数求导的链式法则的认识？其符号表示对你有什么启发？

问题 6　你发现了哪些求函数高阶导数的规律？

【方法与题型】 每种方法请各举一例.

1. 求函数的导数

$$y' = (x^{\frac{1}{8}} x^{\frac{1}{4}} x^{\frac{1}{2}})' = (x^{\frac{7}{8}})' = \frac{7}{8\sqrt[8]{x}},$$

或　　　$$y' = (x^{\frac{1}{8}} x^{\frac{1}{4}} x^{\frac{1}{2}})' = \frac{1}{8} x^{-\frac{7}{8}} x^{\frac{1}{4}} x^{\frac{1}{2}} + \frac{1}{4} x^{\frac{1}{8}} x^{-\frac{3}{4}} x^{\frac{1}{2}} + \frac{1}{2} x^{\frac{1}{8}} x^{\frac{1}{4}} x^{-\frac{1}{2}} = \frac{7}{8\sqrt[8]{x}}.$$

2. 求复合函数的导数

（1）求 $y = \mathrm{lncose}^x$ 的导数.

参考解答 $y = \mathrm{lncose}^x$ 可以看成 $y = \ln u$ 与 $u = \cos v$，$v = \mathrm{e}^x$ 复合而成.

所以，$y' = (\mathrm{lncose}^x)' = \dfrac{\mathrm{d}y}{\mathrm{d}u} \cdot \dfrac{\mathrm{d}u}{\mathrm{d}v} \cdot \dfrac{\mathrm{d}v}{\mathrm{d}x} = \dfrac{1}{u}(-\sin v)\mathrm{e}^x = -\mathrm{e}^x \dfrac{\mathrm{sine}^x}{\mathrm{cose}^x}$.

（2）设 $y = f(\ln x) + \ln f(x)$，其中，$f(x)$ 具有二阶导数，求 $\dfrac{\mathrm{d}^2 y}{\mathrm{d}x^2}$.

参考解答 $\dfrac{\mathrm{d}y}{\mathrm{d}x} = \dfrac{f'(\ln x)}{x} + \dfrac{f'(x)}{f(x)}$，$\dfrac{\mathrm{d}^2 y}{\mathrm{d}x^2} = \dfrac{f''(\ln x) - f'(\ln x)}{x^2} + \dfrac{f''(x)f(x) - [f'(x)]^2}{[f(x)]^2}$.

（3）求高阶导数. 设 $y = \cos x$，求 $y^{(n)}$.

参考解答
$$y' = (\cos x)' = -\sin x = \cos\left(x + \frac{\pi}{2}\right),$$
$$y'' = \left[\cos\left(x + \frac{\pi}{2}\right)\right]' = \cos(x + \pi),$$
$$y''' = \left[\cos(x + \pi)\right]' = \cos\left(x + \frac{3\pi}{2}\right),$$
$$\vdots$$
$$可以猜想，y^{(n)} = \left[\cos x\right]^{(n)} = \cos\left(x + \frac{n\pi}{2}\right).$$

【归纳总结】

1. 基本初等函数的导数公式

正切、余切函数的导数：

正割、余割函数的导数：

反三角函数的导数：

2. 函数四则运算的求导法则

和与差的导数：

积的导数：

商的导数：

3. 反函数求导法则

4. 复合函数求导的链式法则

5. 几个特殊函数的高阶导数公式

【收获与认识】

第三节　隐函数及由参数方程确定的函数的导数　相关变化率【学案】

【学习目标】
　　1. 理解隐函数求导的方法，掌握隐函数的求导公式.
　　2. 理解参数方程求导的方法，会求参数方程确定的函数的一、二阶导数.
　　3. 掌握对数求导法.
　　4. 了解相关变化率是导数的实质.

【重、难点】隐函数和参数方程确定的函数的求导方法. 隐函数和参数方程确定的函数的二阶导数的求法.

【学习准备】
　　复习复合函数求导的链式法则、反函数求导法则.
　　在参数方程求导中，有同学往往搞不清变量之间的关系，一阶导数记住公式还可能会求，二阶导数公式比较复杂就不会求了. 所以参数方程求导的方法一定要了解其复合函数求导、反函数求导法则的复合运用的本质.

【数学思考】
　　问题1　隐函数求导的依据是什么？
　　问题2　在隐函数求导的过程中，要将方程两侧的表达式分别看成自变量的复合函数吗？
　　问题3　参数方程确定的函数求导的依据是什么？
　　问题4　参数方程求高阶导数的方法与求一阶导数的方法是否是一样的？
　　问题5　对数求导法的依据是什么？

【方法与题型】请分别举例运用.

1. 隐函数求导

求方程 $y = \sin(x + y)$ 所确定的隐函数的导数.

分析　如果方程确定了隐函数 $y = y(x)$，那么方程两边都是关于自变量 x 的函数，于是可以同时对 x 求导，由于 $y = y(x)$，所以式子中的 y 是中间变量. 对 y 求了导之后，还要对自变量 x 求导.

参考解答　方程两边同时对 x 求导，得

$$\frac{dy}{dx} = \left(1 + \frac{dy}{dx}\right)\cos(x + y),$$

解方程，得

$$\frac{dy}{dx} = \frac{\cos(x + y)}{1 - \cos(x + y)} \left(\cos(x + y) \neq 1\right).$$

2. 已知曲线方程的曲线上某点处的切线方程与法线方程

求曲线 $\dfrac{x^2}{a^2} + \dfrac{y^2}{b^2} = 1$ 在点 (x_0, y_0) 处的切线方程.

参考解答　方程两边同时对 x 求导，得

$$\frac{2}{a^2}x + \frac{2}{b^2}y\frac{dy}{dx} = 0,$$

解之，得

$$\frac{dy}{dx} = -\frac{b^2 x}{a^2 y}.$$

将点 (x_0, y_0) 的坐标代入上式，得切线的斜率为　　　$k = -\dfrac{b^2 x_0}{a^2 y_0}(y_0 \neq 0).$

所以，曲线在点 (x_0, y_0) 处的切线方程为　　　$\dfrac{x_0 x}{a^2} + \dfrac{y_0 y}{b^2} = 1.$

这与高中老师告知我们的圆锥曲线（二次曲线）已知切点求切线方程的方法是否一致，现在我们自己推导出来了.

3. 参数方程确定的函数求导

已知 $\begin{cases} x = \mathrm{e}^t \sin t, \\ y = \mathrm{e}^t \cos t. \end{cases}$ 求 $\dfrac{dy}{dx}, \dfrac{d^2 y}{dx^2}.$

参考解答　先求一阶导函数，再继续对一阶导数应用前述方法求导.

第二个方程中，y 是 t 的函数. 由第一个方程可以得到 t 又是 x 的函数（x 是 t 的直接函数的反函数），这样形成了一个复合函数，t 是中间变量. y 对自变量 x 求导，先要对中间变量 t 求导，然后中间变量 t 再对自变量 x 求导. 所以要用复合函数求导的链式法则与反函数求导的法则.

$$\frac{dy}{dx} = \frac{dy}{dt} \cdot \frac{dt}{dx} = \frac{\dfrac{dy}{dt}}{\dfrac{dx}{dt}} = \frac{\mathrm{e}^t(\cos t - \sin t)}{\mathrm{e}^t(\sin t + \cos t)} = \frac{\cos t - \sin t}{\sin t + \cos t}.$$

现在得到的参数方程是 $\begin{cases} x = \mathrm{e}^t \sin t, \\ \dfrac{\mathrm{d}y}{\mathrm{d}x} = \dfrac{\cos t - \sin t}{\sin t + \cos t}. \end{cases}$ 和前述参数方程形式上是一样的. 在

第二个方程中，y 是 t 的函数. 由第一个方程可以得到 t 又是 x 的函数 （x 是 t 的直接函数的反函数），这样形成了一个复合函数.

二阶导数是一阶导数对自变量求导. 还是应用前述参数方程求导的方法.

$$\frac{\mathrm{d}^2 y}{\mathrm{d}x^2} = \frac{\mathrm{d}\left(\dfrac{\mathrm{d}y}{\mathrm{d}x}\right)}{\mathrm{d}x} = \frac{\mathrm{d}\left(\dfrac{\mathrm{d}y}{\mathrm{d}x}\right)}{\mathrm{d}t} \cdot \frac{\mathrm{d}t}{\mathrm{d}x} = \frac{\dfrac{\mathrm{d}\left(\dfrac{\mathrm{d}y}{\mathrm{d}x}\right)}{\mathrm{d}t}}{\dfrac{\mathrm{d}x}{\mathrm{d}t}}$$

$$= \frac{\dfrac{-(\sin t + \cos t)^2 - (\cos t - \sin t)^2}{(\sin t + \cos t)^2}}{\mathrm{e}^t(\sin t + \cos t)}$$

$$= -\frac{2}{\mathrm{e}^t(\sin t + \cos t)^3}.$$

问题 6 比较参数方程求一阶、二阶导数的方法，是否是一致的？

都是函数对中间变量的导数比自变量对中间变量的导数.

4. 对数求导法求幂指函数和根式连乘积的导数

求函数 $y = x\sqrt{\dfrac{1-x}{1+x}}$ 的导数.

参考解答 函数的定义域为 $(-1,1)$. 由于零和负数没有对数，所以，只有当 $0 < x < 1$ 时，才可以用对数求导法求，但结论是一般性的，在定义域内都成立.

函数方程两边同时求对数，得

$$\ln y = \ln x + \frac{1}{2}\left[\ln(1-x) - \ln(1+x)\right],$$

两边求导，得

$$\frac{1}{y}y' = \frac{1}{x} + \frac{1}{2}\left(\frac{1}{x-1} - \frac{1}{1+x}\right),$$

故

$$y' = \frac{y}{x} + \frac{y}{2}\left(\frac{1}{x-1} - \frac{1}{1+x}\right) = \sqrt{\frac{1-x}{1+x}} + \frac{x}{2}\sqrt{\frac{1-x}{1+x}}\left(\frac{1}{x-1} - \frac{1}{1+x}\right).$$

5. 相关变化率的问题

【归纳总结】

隐函数求导、参数方程求导是非显性表示的函数的求导方法，是函数求导方法的有益的和必要的补充. 但隐函数求导要用到复合函数求导的方法，参数方程求导要用反函数求导的方法，所以综合性比较强，需要较强的抽象思维能力，和对函数问题的本质的认识. 特别是求高阶导数时，要认识清楚其中的参数是中间变量.

　　对数求导法是在隐函数求导基础上总结出来的一种切实有效的求导方法，常用来求幂指函数、含有多个因式的指数函数的导数．这种方法能降低运算等级，简化运算．

【收获与认识】

第四节　微分及其应用【学案】

【学习目标】

　　1. 能用自己的语言正确叙述微分的定义，说出符号 $dy = y'dx$ 中各部分的涵义．

　　2. 理解微分的几何意义．

　　微分的基本思想：即在局部范围内用线性函数近似代替非线性函数，在几何上就是局部用切线段近似代替曲线段，初步建立以直代曲的思想．

　　3. 掌握微分的运算法则，会运用微分法则或定义求函数的微分．

　　4. 了解一阶函数微分形式不变的性质．

　　5. 能用微分思想进行简单的近似计算．

　　6. 理解函数在某点处可微与可导的关系．

【重、难点】微分的概念，可导与可微的关系．理解微分的基本思想．

【学习准备】

　　复习导数定义、导数公式与求导法则．

　　阅读教材，对引例、微分定义、可微与可导的关系、微分的几何意义、微分的基本思想、微分公式和微分法则、复合函数微分法则、微分的应用有初步的印象，为课堂学习做好准备，避免课堂上信息容量大而造成记忆和理解的困难．

【数学思考】

　　问题 1　函数在某点可微是什么意思？

　　问题 2　什么是函数的微分？

　　问题 3　函数的微分、微商与函数增量有什么关系？

　　问题 4　函数在某点可微与可导有什么关系？

　　问题 5　几何上如何解释微分？

　　问题 6　微分有什么作用？

　　结合图 2-4-1，通过解答问题，使学生全面了解微分的意义.

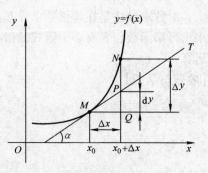

图 2-4-1

【方法与题型】

　　1. 求函数的微分

　　(1) 用微分公式求 $y = \dfrac{x}{\sqrt{x^2+1}}$ 微分.

$$dy = d\,\frac{x}{\sqrt{x^2+1}} = \frac{\sqrt{x^2+1}\,dx - x\,d\sqrt{x^2+1}}{x^2+1}$$

$$= \frac{\sqrt{x^2+1} - \dfrac{x^2}{\sqrt{x^2+1}}}{x^2+1}\,dx = \frac{dx}{\sqrt{(x^2+1)^3}}.$$

　　(2) 利用定义，先求导数，再表示出微分. 略.

　　2. 近似计算（前提是 $|\Delta x|$ 很小）

　　(1) $\cos 151° = \cos(150+1)° \approx \cos\dfrac{5\pi}{6} - \dfrac{\pi}{180}\sin\dfrac{5\pi}{6} = -\dfrac{\sqrt{3}}{2} - \dfrac{\pi}{360}.$

　　(2) $\arcsin 0.5002 = \arcsin(0.5 + 0.0002)$

$$\approx \arcsin\frac{1}{2} + \frac{2\sqrt{5}}{5} \times \frac{1}{5000}$$

$$= \frac{\pi}{6} + \frac{\sqrt{5}}{25000} = \frac{12500 + 3\sqrt{5}}{75000}.$$

【归纳总结】

　　1. 微分的意义

　　2. 可微与可导的关系

　　3. 微分公式与法则

　　(1) 常数和基本初等函数的微分公式

　　(2) 函数的和、差、积、商的微分法则

（3）复合函数的微分法则

4. 有限增量公式与近似计算

在工程中，常用的近似计算公式（$|x|$很小）.

$$\sqrt[n]{1+x}\approx 1+\frac{1}{n}x,\ \sin x\approx x,\ \tan x\approx x,\ \mathrm{e}^{x}\approx 1+x,\ \ln(1+x)\approx x.$$

等价无穷小与近似计算的关系如何？

本章的知识结构图：

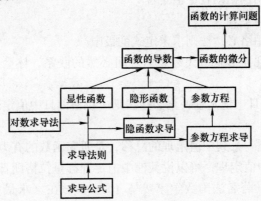

第三章　微分中值定理与导数的应用

第一节　微分中值定理【学案】

【学习目标】

1. 结合函数图像理解并会证明费马引理.
2. 结合函数图像，会用费马引理证明罗尔定理，能正确应用罗尔定理.
3. 理解并会应用拉格朗日中值定理.
4. 了解柯西中值定理.
5. 能够熟练应用洛必达法则求未定式的极限.
6. 体会函数的几何形状与代数表达之间必然的联系，体会数形结合思想的重要性.

【重、难点】拉格朗日中值定理，洛必达法则. 拉格朗日中值定理的应用.

【学习准备】

　　微分中值定理是一系列中值定理的总称，是研究函数的有力工具，其中最重要的内容是拉格朗日中值定理，可以说其他中值定理都是拉格朗日中值定理的特殊情况或推广. 1637 年，著名法国数学家费马（Fermat）在《求最大值和最小值的方法》中给出了费马定理. 1691 年，法国数学家罗尔（Rolle）在《方程的解法》一文中给出多项式形式的罗尔定理. 1797 年，法国数学家拉格朗日（Lagrange）在《解析函数论》一书中给出拉格朗日中值定理，并给出最初的证明. 对微分中值定理进行系统研究是法国数学家柯西（Cauchy），他是数学分析严格化运动的推动者，他的三部巨著《分析教程》《无穷小计算教程概论》《微分计算教程》，以严格化为其主要目标，对微积分理论进行了重构. 他首先赋予中值定理重要的作用，使其成为微分的核心定理. 在《无穷小计算教程概论》中，柯西首先严格地证明了拉格朗日中值定理，又在《微分计算教程》中将其推广为广义中值定理——柯西中值定理.

　　洛必达法则是求函数极限的普遍的和通用的方法，它将一些求函数的技巧问题转化为简单的求导计算. 关键是弄清洛必达法则的条件，不具备条件不能用，除 "$\frac{0}{0}$" "$\frac{\infty}{\infty}$" 型之外的其他 5 种形式（ "0^0" "∞^0" "1^∞" "$0 \cdot \infty$" "$\infty - \infty$" ）要转化为这两种形式后才能用.

　　阅读教材，对一个引理、三个定理、洛必达法则有初步的印象，为课堂学习做好准备，避免课堂上信息容量大而造成记忆和理解的困难.

【数学思考】

问题1 罗尔中值定理与拉格朗日中值定理有什么联系与区别？

问题2 当用罗尔中值定理证明拉格朗日中值定理时，其中的函数是怎么构造的？注意其技巧.

问题3 拉格朗日中值定理的结论与函数在某点的导数什么关系？

问题4 拉格朗日中值定理对区间 $[a,b]$ 的长度有没有要求？

问题5 函数的极值点和驻点有什么关系？请举例说明.

问题6 如果极限形式不是 "$\dfrac{0}{0}$" "$\dfrac{\infty}{\infty}$" 型的，能不能直接用洛必达法则？

问题7 如果 $\lim\dfrac{f'(x)}{F'(x)}$ 不存在，能否应用洛必达法则？

【归纳总结】

1. 拉格朗日中值定理证明本身就是非常重要的证明方法.

拉格朗日中值定理有不同的变式：

$$积的形式：f(b)-f(a)=f'(\xi)(b-a)\,(a<\xi<b).$$

$$商的形式：f'(\xi)=\frac{f(b)-f(a)}{b-a}\,(a<\xi<b).$$

由于交换 a,b 两点的位置，公式本身并不发生变化，所以公式并不一定需要 $a<b$，只要 ξ 介于 a,b 之间即可.

公式也可以表示为：

$$f(b)-f(a)=f'(\xi)(b-a),\ \xi 介于 a,b 之间.$$

$$f(a+h)-f(a)=f'(\xi)h,\ \xi 介于 a,a+h 之间.$$

$$f(a+h)-f(a)=f'(a+\theta h)h,\ 0<\theta<1.$$

$$f(x_0+\Delta x)-f(x_0)=f'(x_0+\theta\Delta x)\Delta x,\ 0<\theta<1.$$

注意：上式中 Δx 的取值可大可小，没有要求. 不像连续、导数、微分定义中的 Δx 取值较小. 所以拉格朗日中值定理非常有用，既可以和某点的导数联系，又可应用于整个区间联系导数和函数，推出函数的单调性等.

2. 中值定理，以及中值定理之间的关系，将定理纳入系统，但注意分清条件.

3. 只有 "$\dfrac{0}{0}$" "$\dfrac{\infty}{\infty}$" 型的未定式，在导数的极限存在时，才可以用洛必达法则求极限，否则不能用. 其他形式的未定式一定要通过恒等变形，转化为这两种类型后再用洛必达法则.

例如 $\lim\limits_{x\to0}\dfrac{x^2\sin\dfrac{1}{x}}{\sin x}=\lim\limits_{x\to0}\dfrac{x^2\sin\dfrac{1}{x}}{x}=\lim\limits_{x\to0}x\sin\dfrac{1}{x}=0$，尽管 $\lim\limits_{x\to0}\dfrac{x^2\sin\dfrac{1}{x}}{\sin x}$ 是 "$\dfrac{0}{0}$" 型，但

由于 $\lim\limits_{x\to 0}\dfrac{2x\sin\dfrac{1}{x}-\cos\dfrac{1}{x}}{\cos x}$ 不存在，所以不符合洛必达法则的适用条件，也不能用洛必达法则求.

（1）洛必达法则是求"$\dfrac{0}{0}$"型和"$\dfrac{\infty}{\infty}$"型未定式极限的有效方法，但是非未定式极限却不能使用. 因此在实际运算时，每使用一次洛必达法则前，必须判断使用条件是否具备.

（2）将等价无穷小代换等求极限的方法与洛必达法则结合起来使用，可简化计算.

（3）洛必达法则是充分条件，当条件不满足时，未定式的极限需要用其他方法求，但不能说此未定式的极限不存在.

（4）如果数列极限也属于未定式的极限问题，需先将其转换为函数极限，然后使用洛必达法则，从而求出数列极限.

【方法与题型】 各举一个例题作为练习.

1. 利用中值定理证明

（1）设函数 $f(x)$ 在 $[a,b]$ 上连续，在 (a,b) 内可导，且 $f(a)=b$，$f(b)=a$. 证明：在 (a,b) 内至少存在一点 ξ，使得 $f'(\xi)=-\dfrac{f(\xi)}{\xi}$.

分析　拉格朗日中值定理是用罗尔中值定理证明的，在罗尔中值定理的结论是 ξ 点的导数为 0，经过变形本例中需要导数满足 $\xi f'(\xi)+f(\xi)=0$，所以要根据证明的结论构造辅助函数 $F(x)=xf(x)$.

参考解答　设 $F(x)=xf(x)$，则 $F(x)$ 在 $[a,b]$ 上连续，在 (a,b) 内可导，且 $F(a)=af(a)=ab$，$F(b)=bf(b)=ab$，所以 $F(x)$ 在 $[a,b]$ 上满足罗尔中值定理的条件，由罗尔中值定理知，在 (a,b) 内至少存在一点 ξ，使得 $F'(\xi)=\xi f'(\xi)+f(\xi)=0$，即 $f'(\xi)=-\dfrac{f(\xi)}{\xi}$.

（2）已知函数 $f(x)=(x-1)(x-2)(x-3)(x-4)$，不求导数，讨论导数方程 $f'(x)=0$ 的实根所在的区间.

参考解答　因为 $f(x)=(x-1)(x-2)(x-3)(x-4)$，所以 $f(x)$ 在 $(-\infty,+\infty)$ 内连续，在 $(-\infty,+\infty)$ 内可导，且 $f(1)=f(2)=f(3)=f(4)=0$，根据罗尔定理，$f'(x)$ 在 $(1,2)$，$(2,3)$，$(3,4)$ 内各至少有一个实根，又 $f'(x)$ 是一个三次多项式方程至多有三个实根，所以方程 $f'(x)=0$ 在 $(1,2)$，$(2,3)$，$(3,4)$ 内各有一个实根.

2. 利用拉格朗日中值定理证明不等式

（1）$|\arctan x-\arctan y|\leqslant|x-y|$.

参考解答　设 $f(x)=\arctan x$，则 $f(x)$ 在 $(-\infty,+\infty)$ 内连续、可导，据拉格朗日中值定理，有

$$|\arctan x-\arctan y|=\dfrac{1}{1+\xi^2}|x-y|\ (\xi\ \text{介于}\ x,y\ \text{之间}).$$

于是，$|\arctan x - \arctan y| \leqslant |x - y|$.

(2) $\dfrac{x}{1+x} < \ln(1+x) < x\ (x>0)$.

参考解答　设 $f(x) = \ln(1+x)$，$(x>0)$，则 $f(x)$ 在 $(0, +\infty)$ 内连续、可导，在 $[0,x]$ 上应用拉格朗日中值定理，有 $\ln(1+x) = \dfrac{x}{1+\xi}(0<\xi<x)$，而 $\dfrac{x}{1+x} < \dfrac{x}{1+\xi} < x(0<\xi<x)$ 所以，$\dfrac{x}{1+x} < \ln(1+x) < x$.

3. 利用中值定理证明恒等式

证明： $\arcsin x + \arccos x = \dfrac{\pi}{2}$，$x \in [-1, 1]$.

分析　根据推论只需证 $(\arcsin x + \arccos x)' = 0$，$x \in (-1, 1)$.

参考解答　设 $f(x) = \arcsin x + \arccos x$，$x \in (-1, 1)$，则

$$f'(x) = \frac{1}{\sqrt{1-x^2}} - \frac{1}{\sqrt{1-x^2}} = 0, x \in (-1, 1),$$

所以，$f(x) = \arcsin x + \arccos x = C$，$x \in (-1, 1)$，令 $x = 0$，得 $C = \dfrac{\pi}{2}$.

又 $f(\pm 1) = \dfrac{\pi}{2}$，故 $\arcsin x + \arccos x = \dfrac{\pi}{2}$，$x \in [-1, 1]$.

经验总结　要证 $f(x) = C, x \in I$，只需证 $f'(x) = 0$，$x \in I$，且 $f(x_0) = C$，$x_0 \in I$.

练习　$\arctan x + \operatorname{arccot} x = \dfrac{\pi}{2}$，$x \in (-\infty, +\infty)$.

4. 求未定式的极限

不是 "$\dfrac{0}{0}$"，"$\dfrac{\infty}{\infty}$" 型的未定式，在化成这种形式的过程中，到底哪个函数是分子，哪个是分母往往不是一看就行，可能需要先尝试后，再调整.

(1) "$\infty - \infty$" $\displaystyle\lim_{x \to 1}\left(\dfrac{x}{x-1} - \dfrac{1}{\ln x}\right) = \lim_{x \to 1}\dfrac{x\ln x - x + 1}{(x-1)\ln x} = \lim_{x \to 1}\dfrac{\ln x}{\ln x + 1 - \dfrac{1}{x}} = \lim_{x \to 1}\dfrac{\dfrac{1}{x}}{\dfrac{1}{x} + \dfrac{1}{x^2}} = \dfrac{1}{2}$.

(2) "$\infty - \infty$" $\displaystyle\lim_{x \to \frac{\pi}{2}}(\sec x - \tan x) = \lim_{x \to \frac{\pi}{2}}\dfrac{1 - \sin x}{\cos x} = \lim_{x \to \frac{\pi}{2}}\dfrac{\cos x}{\sin x} = 0$.

(3) "$0 \cdot \infty$" $\displaystyle\lim_{x \to 1}(x-1)\tan\dfrac{\pi x}{2} = \lim_{x \to 1}\dfrac{x-1}{\cot\dfrac{\pi x}{2}} = \lim_{x \to 1}\dfrac{1}{-\dfrac{\pi}{2}\csc^2\dfrac{\pi x}{2}} = \lim_{x \to 1}-\dfrac{2}{\pi}\sin^2\dfrac{\pi x}{2} = -\dfrac{2}{\pi}$.

(4) "$0 \cdot \infty$" $\displaystyle\lim_{x \to 0^+}\tan x \ln x = \lim_{x \to 0^+}\dfrac{\ln x}{\cot x} = \lim_{x \to 0^+}-\dfrac{\sin^2 x}{x} = 0$.

(5) "$0 \cdot \infty$" $\lim\limits_{x \to \infty} x \ln \dfrac{1+x}{x} = \lim\limits_{x \to \infty} \dfrac{\ln \dfrac{1+x}{x}}{\dfrac{1}{x}} = \lim\limits_{x \to \infty} \dfrac{\dfrac{x}{1+x} \cdot \left(-\dfrac{1}{x^2}\right)}{-\dfrac{1}{x^2}} = \lim\limits_{x \to \infty} \dfrac{x}{1+x} = 1.$

如下四种指数形式的要用对数恒等式.

(6) "1^{∞}" $\lim\limits_{x \to \frac{\pi}{2}} \left(\dfrac{\pi}{x} - 1\right)^{\tan x} = \lim\limits_{x \to \frac{\pi}{2}} e^{\tan x \ln \frac{\pi - x}{x}} = \exp\left(\lim\limits_{x \to \frac{\pi}{2}} \dfrac{\ln \dfrac{\pi - x}{x}}{\cot x}\right)$

$$= \exp\left(\lim\limits_{x \to \frac{\pi}{2}} \dfrac{x}{\pi - x} \cdot \dfrac{\pi \sin^2 x}{x^2}\right) = e^{\frac{4}{\pi}}.$$

(7) "0^0" $\lim\limits_{x \to 1^-} (1-x)^{\ln x} = \exp\left(\lim\limits_{x \to 1^-} \ln x \ln(1-x)\right) = \exp\left(\lim\limits_{x \to 1^-} \dfrac{x \ln^2 x}{1-x}\right)$

$$= \exp\left(\lim\limits_{x \to 1^-} \dfrac{\ln^2 x + 2\ln x}{-1}\right) = e^0 = 1.$$

(8) "1^{∞}" $\lim\limits_{x \to \infty} \left(\cos \dfrac{1}{x}\right)^{x^2} = \exp\left(\lim\limits_{x \to \infty} x^2 \ln \cos \dfrac{1}{x}\right) = \exp\left(\lim\limits_{x \to \infty} \dfrac{\dfrac{1}{\cos \dfrac{1}{x}} \cdot \left(-\sin \dfrac{1}{x}\right)\left(-\dfrac{1}{x^2}\right)}{-\dfrac{2}{x^3}}\right)$

$$= \exp\left(\lim\limits_{x \to \infty} -\dfrac{\tan \dfrac{1}{x}}{\dfrac{2}{x}}\right) = e^{-\frac{1}{2}}.$$

(9) "∞^0" $\lim\limits_{x \to +\infty} (e^x + x)^{\frac{1}{x}} = \exp\left(\lim\limits_{x \to +\infty} \dfrac{\ln(e^x + x)}{x}\right) = \exp\left(\lim\limits_{x \to +\infty} \dfrac{e^x + 1}{e^x + x}\right)$

$$= \exp\left(\lim\limits_{x \to +\infty} \dfrac{1 + \dfrac{1}{e^x}}{1 + \dfrac{x}{e^x}}\right) = e.$$

【收获与认识】

第二节 导数的应用【学案】

【学习目标】
1. 掌握应用导数判断函数单调性的方法.
2. 掌握判断函数极值的第一、第二充分条件.

3. 能根据导数确定函数在闭区间的单调性、极值、最值.

【重、难点】 函数的极值与最值的判定.

【学习准备】

本节内容是导数的应用,利用导数来研究函数的单调性、极值、最值,拓展为研究函数在某个区间上的性质. 拉格朗日中值定理反映了函数在一个区间上的增量与函数在某点的导数之间的关系,所以我们可以利用导数来研究函数的增量,从而将一点拓展为一个区间,为本节的展开打下了基础. 同时了解了函数区间上的性质可以方便地画出函数的图像,更好地研究函数的性质.

复习高中所学函数单调性的判定.

阅读教材,对函数单调性的判定方法、极值存在的第一充分条件、第二充分条件、函数极值的概念、实际问题中函数最值的判定有初步的印象,为课堂学习做好准备,避免课堂上容量大而造成记忆和理解的困难.

【数学思考】

问题 1 如何根据导数的定义或拉格朗日中值定理说明函数的单调性?因为其中都出现了自变量的两个值和对应的函数值.

问题 2 你能结合函数的图像、具体函数,说明函数的极值点与驻点吗?

【归纳总结】

1. 判断函数单调性的方法

2. 函数在某点取得极值的必要条件

3. 函数在某点取得极值的第一充分条件

4. 函数在某点取得极值的第二充分条件

【方法与题型】

1. 确定函数的单调性、单调区间与极值

略.

2. 证明不等式

当 $x > 0$, $x \neq 1$ 时, $x\ln x > x - 1$.

参考解答 设 $f(x) = x\ln x - x + 1, x > 0$. 则 $f'(x) = \ln x \begin{cases} > 0, x > 1, \\ = 0, x = 1, \\ < 0, 0 < x < 1. \end{cases}$ 所以函数

在 $x = 1$ 时,取的极小值也是最小值 $f(1) = 0$, 所以 $f(x) = x\ln x - x + 1 > 0$, $x \neq 1$. 即

$x\ln x > x - 1$.

3. 应用问题中求最大（小）值

要做一个带盖的长方形盒子，其容积为 $72\,\text{cm}^3$，其底边成 $1:2$，问此盒子各边长为多少时，所用材料最省（即表面积最小）．

参考解答 设要做的长方体盒子底边的一边长为 x，则另一边长为 $2x$，高为 $\dfrac{36}{x^2}$

（单位：cm）．表面积函数为 $S = 2\left(2x^2 + \dfrac{36}{x} + \dfrac{72}{x}\right)$，$0 < x < +\infty$．$S' = 2\left(4x - \dfrac{108}{x^2}\right)$，

令 $S' = 0$，得 $x = 3\,\text{cm}$．由于长方体的体积一定时，表面积的最小值客观存在．即函数 S 的最小值必在 $(0, +\infty)$ 内取得，而函数在 $(0, +\infty)$ 内有唯一一个驻点 $x = 3$．因此，当 $x = 3$ 时，S 取得最小值．即得长方体底面一边为 $3\,\text{cm}$，另一边为 $6\,\text{cm}$，高为 $4\,\text{cm}$．

【收获与认识】

第三节　曲线的凹凸性与函数图形的描绘【学案】

【学习目标】

1. 结合图形，理解函数凹凸性的概念，能够根据函数导数的符号判定函数的凹凸性．

2. 能够根据对函数性质的讨论，较准确地描绘函数的图形．

【重、难点】 函数的凹凸性的判定．函数图形的描绘．

【学习准备】

函数的凹凸性是用导数研究函数性质的继续，凹凸性用二阶导数来刻画的，与一阶导数刻画函数的单调性方法完全一致．所以用一阶导数判断极值的知识要记牢．

函数图形的描绘是函数性质的综合运用．先要确定函数图形的范围——定义域、值域，找出特殊点，极值点、拐点，然后确定相应区间上函数的单调性、凹凸性，画出函数的图形，为了画得更准确一些，有渐近线的要画出渐近线，并且尽量多画出函数图形上的点（特别是与坐标轴的交点）把函数图形描绘得更准确．

同学容易混淆函数一阶导数研究函数的单调性、极值点，二阶导数研究函数的凹凸性和拐点；再就是函数图形的描绘比较复杂，需要的时间较长，同学要有好的耐心．当然，随着现代数学软件的运用，绘制函数图形的教育功能也减弱了．

【数学思考】

问题 1 函数在某个区间上是（向上）凹的或凸的是如何定义的？你能画图说明吗？

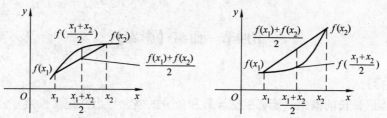

问题 2　函数在某个区间上是（向上）凹的或凸的，你能结合图像判断其上每点处切线的斜率的变化趋势吗？

问题 3　拐点（横坐标）的判定和极值点有相似之处吗？当然极值点对于一阶导数，拐点对于二阶导数而言.

问题 4　函数图像描绘的步骤如何？和高中研究和绘制二次曲线（圆锥曲线）的方法是否一致？

【方法与题型】

1. 判定函数的凹凸性与拐点

2. 绘制函数的图形

3. 求曲线的渐近线

【归纳总结】

1. 归结判断曲线拐点及凹凸区间的步骤

（1）求出 $f''(x)$.

（2）找出 $f''(x)$ 的零点与不存在的点.

（3）考察以步骤（2）中找出的点为端点的区间，根据各区间 $f''(x)$ 的符号可以知道凹凸区间，再根据 $f''(x)$ 的符号在这些点的两侧是否发生变化可以知道曲线上的点是否是拐点.

2. 函数图像描绘的步骤

（1）确定函数的定义域，了解函数是否具有某些简单的特征，如奇偶性，周期性等，并求出一阶导数和二阶导数.

（2）求出一阶导数和二阶导数，在函数定义域内确定一、二阶导数的零点和不可导点，将函数的定义域划分为若干区间.

（3）根据一阶导数、二阶导数在这些区间内的符号，由此确定函数的单调性，曲线的凹凸性，确定极值点、拐点. 为了条理清楚，可以填成表格.

（4）确定函数的各种渐近线.

（5）描出函数的零点、与纵坐标轴的交点，极值点对应的图形上的点，拐点，导数不存在的点，有时根据需要可以多画出几个点，根据前述函数的性质、曲线的性态画出函数的图形.

【收获与认识】

第四节　曲率【学案】

【学习目标】

1. 理解弧长的概念，能够根据导数和微分的概念导出并记住弧微分公式.

2. 理解曲率的概念，记住曲率的计算公式，能够正确计算曲率，并用来解决实际问题.

3. 了解曲率圆和曲率半径的概念.

【重、难点】导数的定义. 对导数内在的本质理解.

【学习准备】

复习导数、微分的概念.

阅读教材，了解有向弧段的概念，有向弧段的数量，有向弧段的数量是函数中自变量的函数，平均曲率、曲率与弯曲程度的关系等. 实际应用问题，需要抽象数学模型，所以理解起来还是比较难的.

弧微分和曲率的概念多在工程中应用，所以学生对于弧长等的概念比较陌生，需要结合图形进行解释.

【数学思考】

问题 1　对于直的线段，定义了"有向线段的数量". 对于弯曲的线段，又应如何定义"有向弧段的数量"？

问题 2　猜想一下，有向弧段的数量的变化和函数中的哪个变量有关，应该是谁的函数？

问题 3　自变量的增量 $\overrightarrow{MQ}$ 为 $\mathrm{d}x$，函数的增量 $\overrightarrow{QN}$ 用 $\mathrm{d}y$ 近似表示，如果采用"以直代曲"的思想方法，试猜想对应的有向弧段的增量用什么来表示，怎样表示，以及用什么符号表示，并考察猜想的结果与教材推导出的结果是否一致？

问题 4　如果是用参数方程表示的曲线，其弧微分如何计算？

问题 5　如果是用极坐标表示的曲线，其弧微分又该如何计算？

问题 6　直观上，曲线的弯曲程度与什么量有关？

问题 7　函数在某点的导数就是瞬时变化率，你猜想曲率是哪个量对哪个量求导？

问题 8　直观上，直线的曲率怎样？圆周的曲率又是怎样的？

【方法与题型】

求曲线的曲率、曲率半径、曲率圆和曲率最大的点.

求 $y = x^3$ 在点 (x, y) 处的曲率.

参考解答　$y' = 3x^2$，$y'' = 6x$.

$$K = \frac{|y''|}{\sqrt{(1+y'^2)^3}} = \frac{|6x|}{\sqrt{(1+9x^4)^3}} = \frac{6|x|}{(1+9x^4)\sqrt{1+9x^4}}.$$

所以曲线 $y = x^3$ 在点 (x, y) 处的曲率为 $K = \dfrac{6|x|}{(1+9x^4)\sqrt{1+9x^4}}$.

当 $x = 0$ 时, $K = 0$.

当 $x > 0$ 时, $K' = \dfrac{6(1+9x^4)^{\frac{3}{2}} - 6x \cdot \frac{3}{2}(1+9x^4)^{\frac{1}{2}} \cdot 36x^3}{(1+9x^4)^3} = \dfrac{6 - 270x^4}{(1+9x^4)^{\frac{5}{2}}}.$

令 $K' = 0$, 得 $x = \sqrt[4]{\dfrac{1}{45}}$. 当 $0 < x < \sqrt[4]{\dfrac{1}{45}}$, $K' > 0$; 当 $x > \sqrt[4]{\dfrac{1}{45}}$ 时 $K' < 0$. 根据奇函数 $y = x^3$ 的对称性, 所以 K 在 $x = \pm\sqrt[4]{\dfrac{1}{45}}$ 时取得最大值, 最大值为 $\dfrac{5}{3}\sqrt[4]{\dfrac{5}{4}}$.

【归纳总结】

弧微分和曲率两个概念紧扣微分和导数的概念, 是前述微分和导数的应用.

1. 弧微分公式

（1）直角坐标下的弧微分公式

（2）参数方程下的弧微分公式

（3）极坐标下的弧微分公式

2. 曲率公式

（1）直角坐标下的曲率公式

（2）参数方程下的曲率公式

3. 曲率与曲率半径的关系

4. 抛物线顶点处的曲率最大, 直线不曲（曲率为 0）, 圆周上各点的曲率都相等, 等于半径的倒数.

【收获与认识】

第四章 不定积分

第一节 不定积分的概念和性质【学案】

【学习目标】

1. 能用自己的语言正确叙述原函数的定义，会求简单函数的原函数.

2. 能复述原函数存在定理，理解一个函数为什么可以有不止一个原函数.

3. 能叙述不定积分的定义，说出符号 $\int f(x)\,\mathrm{d}x = F(x) + C$ 中各部分的含义.

4. 掌握原函数与不定积分的概念及其之间的区别.

5. 熟记不定积分基本公式，会求简单的初等函数的不定积分.

6. 能熟练地将不定积分的性质应用于计算.

7. 理解导数与不定积分的关系，理解逆运算的含义，并能用数学符号把逆运算的思想体现出来.

【重、难点】 不定积分的概念，不定积分基本公式. 不定积分与导数的关系.

【学习准备】

《高等数学》主要由微分学和积分学两部分组成，微分学又是积分学的基础，积分是微分的逆运算. "不定积分的概念与性质"包括原函数的概念、原函数存在定理、不定积分的概念、基本积分公式和不定积分的性质等几部分组成. 不定积分是一元函数积分学的一个基本概念，与一元函数微分学里面最基本的概念——导数有着密切的联系，它作为桥梁有效地把微积分学融合为一个整体. 导数的基础知识为学习不定积分概念提供了必要的准备，同时，不定积分的学习也可以深化学生对导数概念的理解，又为后面学习定积分提供了准备. 因此不定积分概念有承上启下的作用，架起了微分学与积分学的桥梁，其地位不容忽视.

复习导数公式、导数的运算法则.

【数学思考】

问题 1 一个函数的任意两个原函数之间有怎样的关系？

问题 2 原函数与不定积分有什么关系？

问题 3 具备什么条件的函数有原函数？

问题 4 你现在能用什么方法计算不定积分？

问题 5 微分运算与求不定积分运算有什么关系？

问题6 积分曲线族中的积分曲线之间有什么关系?

【方法与题型】

1. 关于原函数、不定积分的概念理解的题目

略.

2. 利用不定积分公式和不定积分的性质求不定积分

(1) 求不定积分 $\int \dfrac{1}{x}\mathrm{d}x$.

参考解答 因为当 $x > 0$ 时, $(\ln x)' = \dfrac{1}{x}$, 所以函数 $\ln x$ 是函数 $\dfrac{1}{x}$ 在区间 $(0, +\infty)$ 内的一个原函数, 因此在 $(0, +\infty)$ 内有

$$\int \frac{1}{x}\mathrm{d}x = \ln x + C,$$

又因为当 $x < 0$ 时, $(\ln(-x))' = \dfrac{1}{x}$, 所以函数 $\ln(-x)$ 是函数 $\dfrac{1}{x}$ 在区间 $(-\infty, 0)$ 内的一个原函数, 因此在 $(-\infty, 0)$ 内有

$$\int \frac{1}{x}\mathrm{d}x = \ln(-x) + C.$$

于是, 把 $x > 0$ 及 $x < 0$ 的结果合起来, 得

$$\int \frac{1}{x}\mathrm{d}x = \ln|x| + C.$$

(2) $\int \dfrac{1}{x^2(1+x^2)}\mathrm{d}x$

参考解答 $\int \dfrac{1}{x^2(1+x^2)}\mathrm{d}x = \int \left(\dfrac{1}{x^2} - \dfrac{1}{1+x^2}\right)\mathrm{d}x = \int \dfrac{1}{x^2}\mathrm{d}x - \int \dfrac{1}{1+x^2}\mathrm{d}x = -\dfrac{1}{x} -$ $\arctan x + C$.

3. 求一阶微分方程特解的题目

设曲线通过点 $(2,5)$, 且其上任一点处的切线斜率等于这点横坐标的两倍, 求此曲线方程.

参考解答 设所求曲线方程为 $y = f(x)$.

根据题意, 曲线上任意点 (x, y) 处的切线斜率为 $\dfrac{\mathrm{d}y}{\mathrm{d}x} = 2x$, 即函数 $f(x)$ 是 $2x$ 的一个原函数, 函数 $2x$ 的原函数全体为

$$y = \int 2x\mathrm{d}x = x^2 + C.$$

所以, 所求曲线是 $y = x^2 + C$ 中的一条, 又所求曲线过点 $(2,5)$, 故

$$5 = 2^2 + C, \ 得 \ C = 1.$$

从而得所求曲线方程为 $y = x^2 + 1.$

【归纳总结】

1. 初等函数在其定义区间内都有原函数

2. 不定积分的性质

(1) $\dfrac{d}{dx}\left[\int f(x)\,dx\right] = f(x)$　　或　　$d\left[\int f(x)\,dx\right] = f(x)\,dx$.

(2) $\int F'(x)\,dx = F(x) + C$　　或　　$\int dF(x) = F(x) + C$.

(3) 线性运算

$$\int [k_1 f(x) + k_2 g(x)]\,dx = k_1 \int f(x)\,dx + k_2 \int g(x)\,dx.$$

3. 基本积分公式

(1) $\displaystyle\int 0\,dx =$ 　　　　　　　　　(2) $\displaystyle\int k\,dx =$

(3) $\displaystyle\int x^{\alpha}\,dx \quad (\alpha \neq -1) =$ 　　(4) $\displaystyle\int \dfrac{1}{x}\,dx =$

(5) $\displaystyle\int \dfrac{1}{1+x^2}\,dx =$ 　　　　　(6) $\displaystyle\int \dfrac{1}{\sqrt{1-x^2}}\,dx =$

(7) $\displaystyle\int \sin x\,dx =$ 　　　　　　　(8) $\displaystyle\int \cos x\,dx =$

(9) $\displaystyle\int \sec^2 x\,dx =$ 　　　　　　(10) $\displaystyle\int -\csc^2 x\,dx =$

(11) $\displaystyle\int \sec x\tan x\,dx =$ 　　　　(12) $\displaystyle\int \csc x\cot x\,dx =$

(13) $\displaystyle\int \sec x\,dx =$ 　　　　　　(14) $\displaystyle\int \csc x\,dx =$

(15) $\displaystyle\int \tan x\,dx =$ 　　　　　　(16) $\displaystyle\int \cot x\,dx =$

(17) $\displaystyle\int e^x\,dx =$ 　　　　　　　(18) $\displaystyle\int a^x\,dx\,(a > 0, a \neq 1) =$

(19) $\displaystyle\int \dfrac{1}{1-x^2}\,dx =$ 　　　　(20) $\displaystyle\int \dfrac{1}{x^2-a^2}\,dx =$

【学习拓展】

对于有理函数的积分，一般是先将被积函数表示为若干个较为简单的有理函数的线性组合，然后再对各项分别求积分. 请查阅有关书籍或网络搜索，将方法或例子书写（粘贴）在下方.

【收获与认识】

第二节　换元积分法【学案】

【学习目标】

1. 理解两种换元积分法的原理.
2. 能较正确地进行变量代换，求函数的不定积分.

【重、难点】应用换元积分法求不定积分. 正确地进行变量代换.

【学习准备】

复习复合函数的求导方法.

本节内容是利用复合函数的分部积分法，利用导数反求原函数. 第一换元积分法是把被积函数看成复合函数，如果不定积分不好求，可以将内函数逆向代入，转化为外函数的不定积分，如果容易求解，则求出外函数的不定积分后，再代入内函数，熟练了可以不出现中间变量. 第二换元积分法是把原被积函数看成外函数，适当设出内函数，求出符合函数的不定积分后，再换出中间变量. 第一换元积分法如果对导数比较熟悉一般不存在困难，但是第二换元积分法只有当引入的函数要恰当时，才能计算出不定积分. 同学们总结经验.

【数学思考】

问题1　在第一换元积分法中，是转换为求外函数的不定积分还是复合函数的不定积分？

问题2　在第二换元积分法中，是转换为求外函数的不定积分还是复合函数的不定积分？

问题3　用第二换元积分法时，设内函数有什么规律？

问题4　求三角函数的不定积分，你发现了什么规律？

【方法与题型】

1. 用第一换元积分法求不定积分

$(1)\ \displaystyle\int \frac{\sin 2x}{\sqrt{1+\sin^2 x}}dx = \int \frac{2\sin x}{\sqrt{1+\sin^2 x}}d\sin x = \int (1+\sin^2 x)^{-\frac{1}{2}}d(1+\sin^2 x)$

$$= 2(1+\sin^2 x)^{\frac{1}{2}} + C.$$

$(2)\ \displaystyle\int \frac{\sin 2x}{\sqrt{1-\cos^4 x}}dx = -\int \frac{1}{\sqrt{1-(\cos^2 x)^2}}d(\cos^2 x) = -\arcsin(\cos^2 x) + C.$

(3) $\displaystyle\int \frac{x - \arctan x}{1 + x^2}dx = \frac{1}{2}\int \frac{d(x^2 + 1)}{1 + x^2} - \int \arctan x d(\arctan x)$

$$= \frac{1}{2}\ln(1 + x^2) - \frac{1}{2}\arctan^2 x + C.$$

(4) $\displaystyle\int \frac{1 + \ln x}{(x\ln x)^2}dx = \int \frac{1}{(x\ln x)^2}d(x\ln x) = -\frac{1}{x\ln x} + C.$

(5) $\displaystyle\int \sin 2x \sin x dx = 2\int \sin^2 x d(\sin x) = \frac{2}{3}\sin^3 x + C.$

(6) $\displaystyle\int \sin x \cos 2x dx = \int(1 - 2\cos^2 x)d(\cos x) = \cos x - \frac{2}{3}\cos^3 x + C.$

(7) $\displaystyle\int \tan^3 x \sec x dx = \int(\sec^2 x - 1)d\sec x = \frac{1}{3}\sec^3 x - \sec x + C.$

(8) $\displaystyle\int \frac{(\ln\tan x)^3}{\sin x \cos x}dx = \int(\ln\tan x)^3 d(\ln\tan x) = \frac{1}{4}(\ln\tan x)^4 + C.$

(9) $\displaystyle\int \frac{2x + 2}{\sqrt[3]{x^2 + 2x + 3}}dx = \int(x^2 + 2x + 3)^{-\frac{1}{3}}d(x^2 + 2x + 3) = \frac{3}{2}(x^2 + 2x + 3)^{\frac{2}{3}} + C.$

(10) $\displaystyle\int \frac{\arctan\sqrt{x}}{\sqrt{x}(1 + x)}dx = 2\int \arctan\sqrt{x}d(\arctan\sqrt{x}) = (\arctan\sqrt{x})^2 + C.$

(11) $\displaystyle\int \frac{2x + 4}{x^2 + 4x + 5}dx = \int \frac{1}{x^2 + 4x + 5}d(x^2 + 4x + 5) = \ln(x^2 + 4x + 5) + C.$

(12) $\displaystyle\int \frac{x}{x^2 - 4x - 5}dx = \frac{1}{6}\int\left(\frac{1}{x - 5} - \frac{1}{x + 1}\right)dx = \frac{1}{6}\ln\left|\frac{x - 5}{x + 1}\right| + C.$

2. 用第二换元积分法求不定积分

求下列不定积分：

(1) $\displaystyle\int \frac{1}{1 + \sqrt[3]{x + 2}}dx.$

参考解答 令 $\sqrt[3]{x + 2} = t$, 则 $x = t^3 - 2$, $dx = 3t^2 dt$.

$$\int \frac{1}{1 + \sqrt[3]{x + 2}}dx$$

$$= \int\left(3t - 3 + \frac{3}{1 + t}\right)dt$$

$$= \frac{3}{2}t^2 - 3t + 3\ln(1 + t) + C$$

$$= \frac{3}{2}\sqrt[3]{(x + 2)^2} - 3\sqrt[3]{x + 2} + 3\ln(1 + \sqrt[3]{x + 2}) + C.$$

(2) $\displaystyle\int \sqrt{9 - x^2}dx.$

参考解答 $\displaystyle\int \sqrt{9 - x^2}dx = \frac{9}{2}\arcsin\frac{x}{3} + \frac{1}{2}x\sqrt{9 - x^2} + C.$

(3) $\displaystyle\int \frac{1}{(x+2)\sqrt{x+1}}dx$.

参考解答　令 $\sqrt{x+1}=t(t>0)$，则 $x=t^2-1$，$dx=2tdt$.

$$\int \frac{1}{(x+2)\sqrt{x+1}}dx = \int \frac{2}{t^2+1}dt = 2\arctan t + C = 2\arctan\sqrt{x+1}+C.$$

(4) $\displaystyle\int \frac{1}{\sqrt{2x-1}-\sqrt[4]{2x-1}}dx$.

令 $\sqrt[4]{2x-1}=t(t>0)$，则 $x=\dfrac{t^4+1}{2}$，$dx=2t^3dt$.

$$\int \frac{1}{\sqrt{2x-1}-\sqrt[4]{2x-1}}dx$$

$$= \int \frac{2t^3}{t^2-t}dt = \int \left(2t+2+\frac{2}{t-1}\right)dt$$

$$= t^2+2t+2\ln|t-1|+C$$

$$= \sqrt{2x-1}+2\sqrt[4]{2x-1}+2\ln\left|\sqrt[4]{2x-1}-1\right|+C.$$

(5) $\displaystyle\int \frac{1}{(1-x^2)^{\frac{3}{2}}}dx$.

参考解答　令 $x=\sin t\left(\dfrac{\pi}{2}<t<\dfrac{\pi}{2}\right)$，则 $dx=\cos tdt$.

$$\int \frac{1}{(1-x^2)^{\frac{3}{2}}}dx = \int \frac{1}{\cos^2 t}dt = \int \sec^2 tdt = \tan t + C = \tan(\arcsin x)+C.$$

(6) $\displaystyle\int \frac{1}{x\sqrt{a^2-x^2}}dx$.

参考解答　$x=a\sin t\left(\dfrac{\pi}{2}<t<\dfrac{\pi}{2}\right)$，则 $dx=a\cos tdt$.

$$\int \frac{1}{x\sqrt{a^2-x^2}}dx$$

$$= \frac{1}{a}\int \frac{\cos t}{\sin t\cos t}dt$$

$$= \frac{1}{a}\int \csc tdt$$

$$= \frac{1}{a}\ln|\csc t - \cot t|+C$$

$$= \frac{1}{a}\ln\left|\frac{a}{x}-\frac{\sqrt{a^2-x^2}}{x}\right|+C.$$

(7) $\displaystyle\int \frac{1}{(a^2+x^2)^{\frac{3}{2}}}dx$.

参考解答　$x = a\tan t\left(-\dfrac{\pi}{2} < t < \dfrac{\pi}{2}\right)$，则 $\mathrm{d}x = a\sec^2 t\mathrm{d}t$.

$$\int \frac{1}{(a^2 + x^2)^{\frac{3}{2}}}\mathrm{d}x = \int \frac{1}{a\sec t}\mathrm{d}t = \frac{\sin t}{a^2} + C = \frac{x}{a^2\sqrt{x^2 + a^2}} + C.$$

（8）$\displaystyle\int \frac{1}{\sqrt{1 + \mathrm{e}^x}}\mathrm{d}x$.

参考解答　令 $\sqrt{\mathrm{e}^x + 1} = t\,(t > 1)$，则 $x = \ln(t^2 - 1)$，$\mathrm{d}x = \dfrac{2t}{t^2 - 1}\mathrm{d}t$.

$$\int \frac{1}{\sqrt{1 + \mathrm{e}^x}}\mathrm{d}x = 2\int \frac{1}{t^2 - 1}\mathrm{d}t = \ln\left|\frac{t - 1}{t + 1}\right| + C = \ln\left|\frac{\sqrt{\mathrm{e}^x + 1} - 1}{\sqrt{\mathrm{e}^x + 1} + 1}\right| + C.$$

【归纳总结】

1. 三角函数的不定积分，特别是正弦函数和余弦函数的不定积分，如果是奇数次的，那么要拿出一次放到微分里面，凑成微分；如果是偶数次的要用公式进行降次，利用倍角公式直到最后化为一次的；再就是积的形式注意化为和、差的形式.

2. 用第二换元积分法的变量代换，是二次方项的要想到进行三角代换，能用公式、能开方等；如果是有根号的，代换的一种方法是用变量表示根号的式子，如果不止一个根号，可能要用它们的最小公倍式.

3. 几个积分公式.

【收获与认识】

第三节　分部积分法【学案】

【学习目标】

1. 能用分部积分公式正确进行不定积分的计算.

2. 如果不能直接计算出结果，能正确地进行递推.

【重、难点】分部积分公式. 利用分部积分公式出现循环，需要递推的情况.

【学习准备】

复习函数乘积的导数公式.

【数学思考】

问题1　在利用分部积分公式求不定积分的过程中，将哪个函数看成 $u(x)$，

哪个函数看成 $v(x)$ 有没有一定之规？（注意函数的搭配方式）

问题2 在利用分部积分公式求不定积分的过程中，如果第一种看法不恰当时怎么办？

【方法与题型】

1. 求函数的不定积分（参考解答）

（1）$\int (\ln x)^2 dx = x(\ln x)^2 - 2\int \ln x dx = x(\ln x)^2 - 2x\ln x + 2x + C.$

（2）$\int x\ln(1+x) dx = \dfrac{1}{2}\int \ln(1+x) d(x^2) = \dfrac{1}{2}x^2\ln(1+x) - \dfrac{1}{2}\int \left(x - 1 + \dfrac{1}{1+x}\right) dx$

$\qquad = \dfrac{1}{2}x^2\ln(1+x) - \dfrac{1}{2}\left[\dfrac{1}{2}x^2 - x + \ln(1+x)\right] + C$

$\qquad = \dfrac{1}{2}x^2\ln(1+x) - \dfrac{1}{4}x^2 + \dfrac{1}{2}x - \dfrac{1}{2}\ln(1+x) + C.$

从以上两例可以看出：幂函数与对数函数的乘积的不定积分，往往把对数函数看成 u，幂函数看成 v.

（3）$\int \dfrac{\ln(\ln x)}{x} dx = \int \ln(\ln x) d(\ln x) = \ln x \cdot \ln(\ln x) - \int \dfrac{1}{x} dx = \ln x \cdot \ln(\ln x) - \ln x + C.$

（4）$\int e^{\sqrt[3]{x}} dx.$

参考解答 令 $\sqrt[3]{x} = t$，则 $x = t^3$，$dx = 3t^2 dt$. 则

$$\int e^{\sqrt[3]{x}} dx = 3\int t^2 e^t dt = 3t^2 e^t - 6\int te^t dt = 3t^2 e^t - 6te^t + 6e^t + C$$

$$= 3e^{\sqrt[3]{x}}\left(\sqrt[3]{x^2} - 2\sqrt[3]{x} + 2\right) + C.$$

这种含有 x 的根式的不定积分，往往需要采用代换的方法.

（5）$\int e^{-2x}\sin x dx = -\int e^{-2x} d\cos x$

$\qquad = -\cos x e^{-2x} - 2\int \cos x e^{-2x} dx = -\cos x e^{-2x} - 2\int e^{-2x} d\sin x$

$\qquad = -\cos x e^{-2x} - 2\sin x e^{-2x} - 4\int e^{-2x}\sin x dx.$

所以，$\int e^{-2x}\sin x dx = -\dfrac{1}{5}e^{-2x}(\cos x + 2\sin x) + C.$

指数函数和三角函数乘积的不定积分，因为其导数都会循环，所以不定积分会重复出现，从而形成方程，解方程可以求得不定积分.

（6）$\int x\cos^2 x\mathrm{d}x = \frac{1}{2}\int (x + x\cos 2x)\mathrm{d}x = \frac{1}{4}\Big(x^2 + \int x\mathrm{d}\sin(2x)\Big)$

$\qquad\qquad = \frac{1}{4}x^2 + \frac{1}{4}x\sin 2x + \frac{1}{8}\cos 2x + C.$

（7）$\int \frac{x}{\cos^2 x}\mathrm{d}x = \int x\sec^2 x\mathrm{d}x = \int x\mathrm{d}\tan x$

$\qquad\qquad = x\tan x + \int \frac{1}{\cos x}\mathrm{d}\cos x = x\tan x + \ln|\cos x| + C.$

幂函数和三角函数的乘积的不定积分，往往将幂函数看成 u，三角函数看成 v，可以降次.

（8）$\int x^2\arctan x\mathrm{d}x = \frac{1}{3}\int \arctan x\mathrm{d}(x^3) = \frac{1}{3}x^3\arctan x - \frac{1}{3}\int\Big(x - \frac{x}{1 + x^2}\Big)\mathrm{d}x$

$\qquad\qquad = \frac{1}{3}x^3\arctan x - \frac{1}{6}x^2 + \frac{1}{6}\ln(1 + x^2) + C.$

幂函数和反三角函数乘积的不定积分，往往将幂函数看成 v，三角函数看成 u.

2. 利用递推公式求不定积分

（1）求 $\int \sqrt{a^2 - x^2}\mathrm{d}x$.

参考解答

$$\int \sqrt{a^2 - x^2}\mathrm{d}x = x\sqrt{a^2 - x^2} - \int x\mathrm{d}\sqrt{a^2 - x^2}$$

$$= x\sqrt{a^2 - x^2} + \int \frac{x^2}{\sqrt{a^2 - x^2}}\mathrm{d}x$$

$$= x\sqrt{a^2 - x^2} - \int \sqrt{a^2 - x^2}\mathrm{d}x + a^2\int \frac{1}{\sqrt{a^2 - x^2}}\mathrm{d}x$$

$$= x\sqrt{a^2 - x^2} - \int \sqrt{a^2 - x^2}\mathrm{d}x + a^2\arcsin\frac{x}{a}.$$

所以，$\int \sqrt{a^2 - x^2}\mathrm{d}x = \frac{1}{2}x\sqrt{a^2 - x^2} + \frac{a^2}{2}\arcsin\frac{x}{a} + C.$

（2）求 $\int \sin^n x\mathrm{d}x$.

参考解答

$\int \sin^n x\mathrm{d}x = -\int \sin^{n-1} x\mathrm{d}\cos x = -\sin^{n-1} x\cos x + (n - 1)\int \sin^{n-2} x\cos^2 x\mathrm{d}x$

$\qquad\qquad = -\sin^{n-1} x\cos x + (n - 1)\int \sin^{n-2} x(1 - \sin^2 x)\mathrm{d}x$

$\qquad\qquad = -\sin^{n-1} x\cos x + (n - 1)\int \sin^{n-2} x\mathrm{d}x - (n - 1)\int \sin^n x\mathrm{d}x.$

于是　　　$n\int \sin^n x\mathrm{d}x = -\sin^{n-1} x\cos x + (n - 1)\int \sin^{n-2} x\mathrm{d}x.$

得递推公式：　　　$\int \sin^n x \mathrm{d}x = -\dfrac{1}{n} \sin^{n-1} x \cos x + \dfrac{n-1}{n} \int \sin^{n-2} x \mathrm{d}x .$

【归纳总结】

1. 几种函数搭配的规律（方法可以各举一例）

（1）幂函数与指数函数的乘积.

（2）幂函数与三角函数的乘积.

（3）幂函数和对数函数的乘积.

（4）幂函数和反三角函数的乘积.

（5）指数函数和三角函数的乘积.

2. 几个递推公式

【收获与认识】

第五章　定积分及其应用

第一节　定积分的概念与性质【学案】

【学习目标】

1. 能用自己的语言正确表述定积分的定义，说出符号 $\int_a^b f(x)\,\mathrm{d}x$ 中各部分的名称.

2. 能根据定义求一次函数、简单的二次函数的定积分.

3. 理解定积分的几何意义，能依据定积分的几何意义，利用一些规则图形的面积表示定积分的值；能依据定积分的几何意义，导出在关于原点对称的区间上，奇函数与偶函数定积分的性质，并用其来解决相关定积分的计算问题.

4. 能用定积分的定义或几何意义说明定积分的性质：交换积分上下限定积分变号，线性性，区间可加性，被积函数为 1 时，定积分的值等于积分区间的长度，单调性，定积分的中值定理.

【过程与方法】

1. 能用自己的语言表述出求曲边梯形面积的思维过程.

2. 能从曲边梯形的面积、直线运动物体的路程两个实例中抽象出其中量化的、没有背景的部分，定义定积分.

3. 通过应用定义、几何意义说明性质，加深对定积分的理解.

4. 对数学思想方法、辩证的思想方法有所体会与感悟.

5. 对微积分研究问题的方法有进一步的认识.

【重、难点】 求曲边梯形面积的求解思路. 曲边梯形面积的求解思路所包含的数学思维的感悟与理解.

关键： 理清求解面积问题的化归思路，借助几何直观理解定积分的定义.

【本节概览】

定积分的概念教材采用概念的形成的方式，先从曲边梯形的面积、变速直线运动的路程开始，发现解决这类问题的共性：分割、近似、求和、取极限的方法抽象、概括出定积分概念. 探讨了函数可积的条件、定积分的几何意义，以及特殊的奇偶函数带来的积分计算方法的简化. 根据定义和极限的性质，导出了定积分的性质：线性性、区间可加性、积分不等式、定积分中值定理等.

【数学思考】

　　问题1　求"直边形"先从矩形开始，然后应用割补法将平行四边形转化为矩形，从而解决了求平行四边形、三角形、梯形等直边形面积的问题．采用类比的方法，结合本节的阅读，思考"为什么求"曲边形"的面积先从曲边梯形"开始？

　　问题2　求曲边梯形面积的过程中，在区间 $[a,b]$ 中**任意**插入 $(n-1)$ 个分点，将区间 $[a,b]$ 分成 n 个小区间 $[x_0,x_1],[x_1,x_2],\cdots,[x_{n-1},x_n]$，为什么是"任意"的，不是"任意"的能否保证分割无限密？

　　问题3　分割过程中，若分成的窄曲边梯形的个数 $n\to\infty$，能否保证把区间 $[a,b]$ 无限细分？

　　问题4　曲边梯形面积的求法与直线运动的路程问题的解决过程，有什么共性？

　　问题5　为什么 $f(x)<0$ 时，$\int_a^b f(x)\mathrm{d}x$ 的几何意义是 x 轴下方部分曲边梯形面积的相反数？

　　问题6　关于原点对称的区间上偶函数的定积分是其 y 轴右侧部分面积的 2 倍，奇函数的定积分为 0？

　　问题7　试解释两个规定 $\int_b^a f(x)\mathrm{d}x = -\int_a^b f(x)\mathrm{d}x，\int_a^a f(x)\mathrm{d}x = 0$ 的合理性．

　　问题8　积分不等式及其推论可以用来解决什么问题？

　　问题9　在利用积分中值定理时，你认为关键的问题是什么？　（不要看着 $\int_a^b f(x)\mathrm{d}x$ 挺复杂，它是一个数值，不是一个函数．）

　　问题10　你认为学习定积分的概念形成过程中包含什么数学思想方法和辩证的方法？

【方法与题型】

　　1. 利用定积分的定义计算定积分

　　求 $\int_0^2 (2x+3)\mathrm{d}x$．

　　参考解答　在 $[0,2]$ 内插入 $n-1$ 个等分点：$x_0=0,\ x_1=\dfrac{2}{n},\ x_3=\dfrac{4}{n},\cdots,$ $x_{n-1}=\dfrac{2(n-1)}{n},\ x_n=2$，把 $[0,2]$ 分成 n 个小闭区间，它们的长度均为 $\dfrac{2}{n}$；在每个小区间上取其左端点为 $\xi_i=\dfrac{2(i-1)}{n}$，则 $f(\xi_i)=\dfrac{4(i-1)+3n}{n}$，作乘积 $f(\xi_i)\cdot$ $\dfrac{2}{n}=\dfrac{8(i-1)+6n}{n^2}$，作和式 $\displaystyle\sum_{i=1}^n \dfrac{8(i-1)+6n}{n^2}$，于是

$$\int_0^2 (2x + 3)\mathrm{d}x = \lim_{n \to \infty} \sum_{i=1}^{n} \frac{8(i-1) + 6n}{n^2} = 6 + 4 \lim_{n \to \infty} \frac{n-1}{n} = 10.$$

问题 11　若将此曲边梯形分割成小的梯形, 此曲边梯形的面积是多少?

2. 利用定积分的几何意义求特殊的定积分的值

求 $\displaystyle\int_0^2 \sqrt{2x - x^2}\mathrm{d}x$.

参考解答　定积分 $\displaystyle\int_0^2 \sqrt{2x - x^2}\mathrm{d}x$ 的值在几何上表示以 $(1, 0)$ 为圆心, 1 为半径的半圆的面积, 从而 $\displaystyle\int_0^2 \sqrt{2x - x^2}\mathrm{d}x = \frac{\pi}{2}$.

3. 利用奇偶函数求积分值

求 $\displaystyle\int_{-\frac{\pi}{2}}^{\frac{\pi}{2}} \sin x\,\mathrm{d}x$.

参考解答　定积分 $\displaystyle\int_{-\frac{\pi}{2}}^{\frac{\pi}{2}} \sin x\,\mathrm{d}x$ 的值在几何上表示正弦曲线, 横轴与直线 $x = -\frac{\pi}{2}$, $x = \frac{\pi}{2}$ 围成部分面积的两部分面积的代数和, 由于两部分面积相等而符号相反, 所以 $\displaystyle\int_{-\frac{\pi}{2}}^{\frac{\pi}{2}} \sin x\,\mathrm{d}x = 0$.

4. 利用积分不等式及其推论比较定积分的大小、估计定积分的取值范围

(1) 比较 $I_1 = \displaystyle\int_0^{\frac{\pi}{2}} \sin^3 x\,\mathrm{d}x$, $I_2 = \displaystyle\int_0^{\frac{\pi}{2}} \sin x\,\mathrm{d}x$ 的大小.

参考解答　因为 $0 \leqslant \sin^3 x \leqslant \sin x \leqslant 1$, $x \in \left[0, \dfrac{\pi}{2}\right]$, 根据定积分的性质, $I_1 = \displaystyle\int_0^{\frac{\pi}{2}} \sin^3 x\,\mathrm{d}x \leqslant I_2 = \displaystyle\int_0^{\frac{\pi}{2}} \sin x\,\mathrm{d}x$.

(2) 估计 $\displaystyle\int_0^2 \frac{1}{1+x^2}\mathrm{d}x$ 的值.

参考解答　因为 $\dfrac{1}{5} \leqslant \dfrac{1}{1+x^2} \leqslant 1$, $x \in [0, 2]$, 据定积分的性质, 有

$$\int_0^2 \frac{1}{5}\mathrm{d}x = \frac{2}{5} \leqslant \int_0^2 \frac{1}{1+x^2}\mathrm{d}x \leqslant \int_0^2 \mathrm{d}x = 2.$$

5. 利用定积分的定义求极限

求 $\displaystyle\lim_{n \to \infty} \frac{1 + 2^2 + \cdots + n^2}{n^3}$.

参考解答　$\displaystyle\lim_{n \to \infty} \frac{1 + 2^2 + \cdots + n^2}{n^3} = \lim_{n \to \infty} \frac{1}{n}\left(\frac{1}{n^2} + \frac{2^2}{n^2} + \cdots + \frac{n^2}{n^2}\right) = \int_0^1 x^2\,\mathrm{d}x = \frac{1}{3}$.

6. 证明题

（1）设函数 $f(x)$ 在 $[a,b]$ 上连续，$f(x)>0$，证明：$\int_a^b f(x)\mathrm{d}x > 0$.

参考解答　因为 $f(x)$ 在 $[a,b]$ 上连续，所以 $f(x)$ 在 $[a,b]$ 上有最大值 M 和最小值 m，由于 $f(x)>0$，所以 $f(x)\geqslant m>0$，从而 $\int_a^b f(x)\mathrm{d}x \geqslant \int_a^b m\mathrm{d}x = m(b-a) > 0$.

（2）设函数 $f(x)$ 在 $[a,b]$ 上连续，$f(x)\geqslant 0$，并且 $f(x)\not\equiv 0$. 证明：$\int_a^b f(x)\mathrm{d}x > 0$.

参考解答　因为 $f(x)\geqslant 0$，$f(x)\not\equiv 0$，$x\in[a,b]$，所以存在一点 $x_0\in[a,b]$，使得 $f(x_0)=a>0$ 据连续函数的保号性，存在 $\delta>0$，使得当 $x\in(x_0,x_0+\delta)\subseteq[a,b]$ 时，（或者 $x\in(x_0-\delta,x_0)\subseteq[a,b]$ 时）有 $f(x)>\dfrac{a}{2}$，于是

$$\int_a^b f(x)\mathrm{d}x = \int_a^{x_0} f(x)\mathrm{d}x + \int_{x_0}^{x_0+\delta} f(x)\mathrm{d}x + \int_{x_0+\delta}^b f(x)\mathrm{d}x.$$

$$\left(\text{或者}\int_a^b f(x)\mathrm{d}x = \int_a^{x_0-\delta} f(x)\mathrm{d}x + \int_{x_0-\delta}^{x_0} f(x)\mathrm{d}x + \int_{x_0}^b f(x)\mathrm{d}x.\right)$$

而

$$\int_a^{x_0} f(x)\mathrm{d}x \geqslant 0, \int_{x_0+\delta}^b f(x)\mathrm{d}x \geqslant 0, \left(\text{或者}\int_a^{x_0-\delta} f(x)\mathrm{d}x \geqslant 0, \int_{x_0}^b f(x)\mathrm{d}x \geqslant 0,\right)$$

所以

$$\int_a^b f(x)\mathrm{d}x \geqslant \int_{x_0}^{x_0+\delta} f(x)\mathrm{d}x \geqslant \frac{a\delta}{2} > 0.$$

$$\left(\text{或者}\int_a^b f(x)\mathrm{d}x \geqslant \int_{x_0-\delta}^{x_0} f(x)\mathrm{d}x \geqslant \frac{a\delta}{2} > 0.\right)$$

【归纳总结】

　　这一节，我们经历了解决两个实际问题的思维过程：分割，要减小用矩形面积代替曲边梯形面积的误差，将大的曲边梯形分割成若干个窄的曲边梯形；近似求和，用窄的矩形的面积代替小的曲边梯形的面积，用阶梯形面积代替曲边梯形的面积；取极限，让分割的细度趋于 0，取极限，从而消除了误差，求得了曲边梯形的面积的精确值．它是定积分概念的几何支撑，也是我们将来解决其他积分问题参考的一个典型，其中蕴含着丰富的数学思想方法：以直代曲、以近似代替精确、量变引起质变等．我们还从定义出发导出了定积分的性质，这些性质将给我们计算定积分带来方便．

【收获与认识】

第二节　微积分基本公式【学案】

【学习目标】

1. 能写出积分上限函数的数学表达式，知道积分上限函数是一元函数，并能判断哪个量看成变量，哪个看成常量.

2. 会求简单的积分上限函数的导数.

3. 理解积分上限函数和原函数存在定理的关系.

4. 能用语言叙述牛顿－莱布尼茨公式，说出公式中的每一部分的含义.

5. 理解微积分基本公式的证明.

6. 能灵活使用微积分基本公式解决定积分.

【重、难点】应用牛顿－莱布尼茨公式计算定积分；求积分上限函数的导数. 微积分基本定理的导出.

关键：通过探究变速直线运动中的速度和位移的关系推导出微积分基本公式，利用具体对象降低抽象性.

【学习准备】

复习高中所学牛顿－莱布尼茨公式. 导数的概念.

【本节概览】

本节课教学内容微积分基本公式，不仅提供计算定积分的一种有效方法，为后面的学习奠定了基础，同时也揭示了导数和定积分、定积分和不定积分之间的内在联系，起到了承上启下的作用，在微积分的发展史上起到了举足轻重的作用. 正因为此，牛顿与莱布尼茨沟通了微分与积分的联系，并将微积分发展为一种普适性的运算，微分法创始人的荣誉才当之无愧.

【数学思考】

问题1　第四章学了不定积分，上一节又学习了定积分的概念，你会提出什么问题？根据高中所学的牛顿－莱布尼茨公式解释.

问题2　牛顿－莱布尼茨公式需用原函数，不定积分部分我们知道连续函数必有原函数，连续函数的原函数怎样构造呢？

问题3　变上限的函数怎么求积分上限中自变量的导数？

问题4　变下限的函数怎么求积分下限中自变量的导数？

问题5　牛顿－莱布尼茨公式有什么作用？

问题6　连续函数 $f(x)$ 在 $[a,b]$ 上的两个不同的原函数 $F(x)$，$\Phi(x)$ 与用公式求得的 $\int_a^b f(x)\mathrm{d}x$ 是否相同？为什么？

问题7　在闭区间上不连续的函数的定积分能否用公式来求？

【方法与题型】请每类题目各举一例.

1. 直接利用牛顿 – 莱布尼茨公式求定积分（被积函数可能是分段连续的函数）利用微积分基本公式求定积分.

（1）$\int_0^\pi (\sin x + \cos x)\,dx$；（2）$\int_0^2 f(x)\,dx$，其中 $f(x) = \begin{cases} e^x, 0 \leqslant x < 1, \\ x+1, 1 \leqslant x \leqslant 2. \end{cases}$

2. 对积分上、下限含自变量的函数的积分求导

设 $f(x) = \int_{x^2}^0 e^t \cos t\,dt$，求 $f'(x)$.

3. 利用洛必达法则求极限

$$\lim_{x \to 0} \frac{\int_0^{2x} \ln(1+t)\,dt}{3x^2}; \lim_{x \to 0} \frac{\int_{2x}^0 e^t\,dt}{e^x - 1}.$$

4. 求分段连续函数的积分上限函数表达式

设 $f(x) = \begin{cases} x^2, 0 \leqslant x \leqslant 1, \\ 2x+1, 1 < x \leqslant 2. \end{cases}$ 求积分上限的函数 $F(x) = \int_0^x f(t)\,dt$ 在 $[0,2]$ 上的表达式.

【收获与认识】

第三节　定积分的换元法与分部积分法【学案】

【学习目标】
1. 能选择适当的函数进行换元，正确应用换元积分法计算定积分.
2. 能正确应用分部积分法进行定积分的计算.
3. 掌握三个常用的积分公式.

【重、难点】换元积分法，分部积分法. 选择适当函数换元.

【本节概览】
　　定积分的换元积分法和分部积分法，应用这些方法给定积分的计算带来了极大的方便.

【数学思考】
　　问题　应用换元积分法换元有什么规律？

【方法与题型】
　　1. 利用换元积分法求定积分
　　采用第一换元积分法的话，往往变换不表示出来；采用第二换元积分法才表示出来.

(1) $\displaystyle\int_0^{\sqrt{2}a} \frac{x}{\sqrt{3a^2 - x^2}}\mathrm{d}x.$

参考解答

$$\int_0^{\sqrt{2}a} \frac{x}{\sqrt{3a^2 - x^2}}\mathrm{d}x = -\frac{1}{2}\int_0^{\sqrt{2}a} \frac{1}{\sqrt{3a^2 - x^2}}\mathrm{d}(3a^2 - x^2) = -\left[(3a^2 - x^2)^{\frac{1}{2}}\right]_0^{\sqrt{2}a} = (\sqrt{3} - 1)a.$$

(2) $\displaystyle\int_{-1}^1 \frac{x}{\sqrt{5 - 4x}}\mathrm{d}x.$

参考解答 令 $\sqrt{5 - 4x} = t$，则 $4x = 5 - t^2$，$\mathrm{d}x = -\dfrac{t}{2}\mathrm{d}t$，当 $x = -1$，$t = 3$，当 $x = 1$，$t = 1$. 于是

$$\int_{-1}^1 \frac{x}{\sqrt{5 - 4x}}\mathrm{d}x = -\int_3^1 \frac{5 - t^2}{8}\mathrm{d}t = \left[\frac{5}{8}t - \frac{t^3}{24}\right]_1^3 = \left(\frac{15}{8} - \frac{9}{8}\right) - \left(\frac{5}{8} - \frac{1}{24}\right) = \frac{1}{6}.$$

(3) $\displaystyle\int_0^8 \frac{1}{1 + \sqrt[3]{x}}\mathrm{d}x.$

参考解答 令 $\sqrt[3]{x} = t$，则 $x = t^3$，$\mathrm{d}x = 3t^2\mathrm{d}t$，当 $x = 0$，$t = 0$，当 $x = 8$，$t = 2$. 于是

$$\int_0^8 \frac{1}{1 + \sqrt[3]{x}}\mathrm{d}x = \int_0^2 \frac{3t^2}{1 + t}\mathrm{d}t = \int_0^2 \left(3t - 3 + \frac{3}{1 + t}\right)\mathrm{d}t = \left[\frac{3}{2}t^2 - 3t + \ln(1 + t)\right]_0^2 = \ln 3.$$

(4) $\displaystyle\int_{\frac{\sqrt{2}}{2}}^1 \frac{\sqrt{1 - x^2}}{x}\mathrm{d}x.$

参考解答 令 $x = \sin t$，则 $\mathrm{d}x = \cos t\,\mathrm{d}t = \sqrt{1 - \sin^2 t}\,\mathrm{d}t$，当 $x = \dfrac{\sqrt{2}}{2}$，$t = \dfrac{\pi}{4}$，当 $x = 1$，$t = \dfrac{\pi}{2}$. 于是

$$\int_{\frac{\sqrt{2}}{2}}^1 \frac{\sqrt{1 - x^2}}{x}\mathrm{d}x = \int_{\frac{\pi}{4}}^{\frac{\pi}{2}} \frac{1 - \sin^2 t}{\sin t}\mathrm{d}t$$

$$= \int_{\frac{\pi}{4}}^{\frac{\pi}{2}} (\csc t - \sin t)\mathrm{d}t = \left[\ln|\csc t - \cot t| + \cos t\right]_{\frac{\pi}{4}}^{\frac{\pi}{2}}$$

$$= \ln(1 + \sqrt{2}) - \frac{\sqrt{2}}{2}.$$

(5) $\displaystyle\int_0^{\sqrt{2}} \sqrt{2 - x^2}\,\mathrm{d}x.$

参考解答 令 $x = \sqrt{2}\sin t$，则 $\mathrm{d}x = \sqrt{2}\cos t\,\mathrm{d}t$，当 $x = 0$，$t = 0$，当 $x = \sqrt{2}$，$t = \dfrac{\pi}{2}$. 于是

$$\int_0^{\sqrt{2}} \sqrt{2 - x^2}\,\mathrm{d}x = 2\int_0^{\frac{\pi}{2}} \cos^2 t\,\mathrm{d}t = \int_0^{\frac{\pi}{2}} (1 + \cos 2t)\,\mathrm{d}t = \left[t + \frac{\sin 2t}{2}\right]_0^{\frac{\pi}{2}} = \frac{\pi}{2}.$$

2. 利用分部积分法求定积分

（1）$\int_0^{\frac{\pi}{2}} \arctan 2x \mathrm{d}x$.

参考解答

$$\int_0^{\frac{\pi}{2}} \arctan 2x \mathrm{d}x = \left[x \arctan 2x \right]_0^{\frac{\pi}{2}} - \frac{1}{4} \int_0^{\frac{\pi}{2}} \frac{1}{1+4x^2} \mathrm{d}(1+4x^2)$$

$$= \frac{\pi}{2} \arctan \pi - \frac{1}{4} \left[\ln(1+4x^2) \right]_0^{\frac{\pi}{2}} = \frac{\pi}{2} \arctan \pi - \frac{\ln(1+\pi^2)}{4}.$$

（2）$\int_0^{\frac{\sqrt{3}}{2}} \arccos x \mathrm{d}x$.

参考解答

$$\int_0^{\frac{\sqrt{3}}{2}} \arccos x \mathrm{d}x = \left[x \arccos x \right]_0^{\frac{\sqrt{3}}{2}} - \frac{1}{2} \int_0^{\frac{\sqrt{3}}{2}} \frac{1}{\sqrt{1-x^2}} \mathrm{d}(1-x^2)$$

$$= \frac{\sqrt{3}\pi}{12} - \left[\sqrt{1-x^2} \right]_0^{\frac{\sqrt{3}}{2}} = \frac{\sqrt{3}\pi+6}{12}.$$

（3）$\int_{e^{-1}}^{e} |\ln x| \mathrm{d}x$.

参考解答

$$\int_{e^{-1}}^{e} |\ln x| \mathrm{d}x = - \int_{e^{-1}}^{1} \ln x \mathrm{d}x + \int_1^e \ln x \mathrm{d}x$$

$$= - \left[x\ln x \right]_{e^{-1}}^{1} + \int_{e^{-1}}^{1} \mathrm{d}x + \left[x\ln x \right]_1^e - \int_1^e \mathrm{d}x = 2 - 2e^{-1}.$$

3. 证明题（几个结论）

如果 $f(x)$ 在 $[-a,a]$ 上连续，那么

（1）当 $f(x)$ 是 $[-a,a]$ 上的偶函数时，有 $\int_{-a}^{a} f(x)\mathrm{d}x = 2\int_0^a f(x)\mathrm{d}x$；

（2）当 $f(x)$ 是 $[-a,a]$ 上的奇函数时，有 $\int_{-a}^{a} f(x)\mathrm{d}x = 0$.

参考解答 （1）根据区间的可加性，有 $\int_{-a}^{a} f(x)\mathrm{d}x = \int_0^a f(x)\mathrm{d}x + \int_{-a}^{0} f(x)\mathrm{d}x$. 对于第二个定积分 $\int_{-a}^{0} f(x)\mathrm{d}x$，令 $t=-x$，则 $\mathrm{d}x = -\mathrm{d}t$，当 $x=0$，$t=0$，当 $x=-a$，$t=a$，由于 $f(x)$ 是 $[-a,a]$ 上的偶函数时，则有

$$\int_{-a}^{0} f(x)\mathrm{d}x = - \int_a^0 f(-t)\mathrm{d}t = \int_0^a f(t)\mathrm{d}t = \int_0^a f(x)\mathrm{d}x,$$

因此

$$\int_{-a}^{a} f(x)\mathrm{d}x = \int_0^a f(x)\mathrm{d}x + \int_{-a}^{0} f(x)\mathrm{d}x = 2\int_0^a f(x)\mathrm{d}x.$$

（2）根据区间的可加性，有 $\int_{-a}^{a} f(x)\,dx = \int_{0}^{a} f(x)\,dx + \int_{-a}^{0} f(x)\,dx$. 对于第二个

定积分 $\int_{-a}^{0} f(x)\,dx$，令 $t = -x$，则 $dx = -dt$，当 $x = 0$，$t = 0$，当 $x = -a$，$t = a$，由

于 $f(x)$ 是 $[-a, a]$ 上的奇函数时，则有

$$\int_{-a}^{0} f(x)\,dx = -\int_{a}^{0} f(-t)\,dt = -\int_{0}^{a} f(t)\,dt = -\int_{0}^{a} f(x)\,dx,$$

因此

$$\int_{-a}^{a} f(x)\,dx = \int_{0}^{a} f(x)\,dx - \int_{0}^{a} f(x)\,dx = 0.$$

利用上述被积函数的奇偶性，计算积分 $\int_{-4}^{4} (x^3 + 2)\sqrt{16 - x^2}\,dx$.

参考解答　因为 $x^3\sqrt{16 - x^2}$ 是 $[-4, 4]$ 上的奇函数，$2\sqrt{16 - x^2}$ 是 $[-4, 4]$

上的偶函数，所以

$$\int_{-4}^{4} (x^3 + 2)\sqrt{16 - x^2}\,dx = \int_{-4}^{4} x^3\sqrt{16 - x^2}\,dx + \int_{-4}^{4} 2\sqrt{16 - x^2}\,dx = 4\int_{0}^{4} \sqrt{16 - x^2}\,dx = 16\pi.$$

（3）设 $f(x)$ 在 $[0, 1]$ 上连续，证明

① $\int_{0}^{\frac{\pi}{2}} f(\sin x)\,dx = \int_{0}^{\frac{\pi}{2}} f(\cos x)\,dx$.

② $\int_{0}^{\pi} x f(\sin x)\,dx = \frac{\pi}{2}\int_{0}^{\pi} f(\sin x)\,dx$.

参考解答　①设 $x = \frac{\pi}{2} - t$，$dx = -dt$，当 $x = 0$，$t = \frac{\pi}{2}$，$x = \frac{\pi}{2}$，$t = 0$.

于是

$$\int_{0}^{\frac{\pi}{2}} f(\sin x)\,dx = -\int_{\frac{\pi}{2}}^{0} f\left[\sin\left(\frac{\pi}{2} - t\right)\right]dt = \int_{0}^{\frac{\pi}{2}} f(\cos t)\,dt = \int_{0}^{\frac{\pi}{2}} f(\cos x)\,dx.$$

② 设 $x = \pi - t$，$dx = -dt$，当 $x = 0$，$t = \pi$，$x = \pi$，$t = 0$.

于是

$$\int_{0}^{\pi} x f(\sin x)\,dx = -\int_{\pi}^{0} (\pi - t) f[\sin(\pi - t)]\,dt = \int_{0}^{\pi} (\pi - t) f(\sin t)\,dt$$

$$= \int_{0}^{\pi} \pi f(\sin t)\,dt - \int_{0}^{\pi} t f(\sin t)\,dt$$

$$= \pi\int_{0}^{\pi} f(\sin x)\,dx - \int_{0}^{\pi} x f(\sin x)\,dx.$$

所以，$\int_{0}^{\pi} x f(\sin x)\,dx = \frac{\pi}{2}\int_{0}^{\pi} f(\sin x)\,dx$.

（4）计算 $\int_{0}^{\frac{\pi}{2}} \sin^n x\,dx$.

参考解答　根据不定积分分部积分法求得公式

$$\int \sin^n x \mathrm{d}x = -\frac{1}{n}\sin^{n-1}x\cos x + \frac{n-1}{n}\int \sin^{n-2}x \mathrm{d}x,$$

代入积分限，有　　　　　　$\int_0^{\frac{\pi}{2}} \sin^n x \mathrm{d}x = \frac{n-1}{n}\int_0^{\frac{\pi}{2}} \sin^{n-2}x \mathrm{d}x.$

又 $\int_0^{\frac{\pi}{2}} \sin x \mathrm{d}x = 1, \int_0^{\frac{\pi}{2}} \mathrm{d}x = \frac{\pi}{2}$，可以推得公式

$$\int_0^{\frac{\pi}{2}} \sin^n x \mathrm{d}x = \begin{cases} \dfrac{n-1}{n}\cdot\dfrac{n-3}{n-2}\cdot\cdots\cdot\dfrac{3}{4}\cdot\dfrac{1}{2}\cdot\dfrac{\pi}{2}, & n = 2m, \\[3mm] \dfrac{n-1}{n}\cdot\dfrac{n-3}{n-2}\cdot\cdots\cdot\dfrac{4}{5}\cdot\dfrac{2}{3}, & n = 2m+1, m \in \mathbf{N}. \end{cases}$$

【收获与认识】

第四节　广义积分* 【学案】

【学习目标】

1. 理解两类（无穷限、无界函数）广义积分的概念.
2. 能根据广义积分收敛的充要条件讨论一些函数的收敛性.
3. 能正确计算简单的广义积分.
4. 通过对正常积分、极限、广义积分的学习与思考，对数学知识拓展的方法.
有所认识.

【重、难点】 广义积分的概念和求法. 广义积分敛散性的判定.

【学习准备】 函数极限的概念，牛顿－莱布尼茨公式，不定积分公式.

【本节概览】

　　本节内容分为可类比的两部分. 一部分是有无穷限的广义积分的概念（仅仅是一种形式，不收敛的话没有意义，只有收敛了才有确实的意义），无穷限广义积分敛散性的定义，收敛与发散的充要条件，计算无穷限广义积分的两个例题和无穷限广义积分 $\int_a^{+\infty} \frac{1}{x^p}\mathrm{d}x (a > 0)$ 敛散性的讨论. 第二部分是无界函数的广义积分（瑕积分），无界函数广义积分的概念（仅仅是一种形式，不收敛的话没有意义，只有收敛了才有确实的意义），无界函数广义积分敛散性的定义，收敛与发散的充要条件，计算无界函数广义积分的一个例题和无界函数广义积分 $\int_{-1}^1 \frac{1}{x^p}\mathrm{d}x$ 敛散性的讨论两个例题.

【数学思考】

　　问题 1　在无穷限广义积分的概念中"极限 $\lim\limits_{b\to+\infty}\int_a^b f(x)\mathrm{d}x$ 称为连续函数 $f(x)$

在区间 $[a, +\infty)$ 上的广义积分",对这个极限存在要求吗?这说明了什么?

问题 2　在什么条件下,无穷限广义积分 $\displaystyle\int_a^{+\infty} f(x)\mathrm{d}x$ 有意义,是个确定的值?

问题 3　无穷限积分 $\displaystyle\int_{-\infty}^{+\infty} f(x)\mathrm{d}x$ 收敛的充要条件是 $\displaystyle\int_0^{+\infty} f(x)\mathrm{d}x, \int_{-\infty}^0 f(x)\mathrm{d}x$ 都收敛,仅其中一个收敛行不行?

问题 4　无穷限积分 $\displaystyle\int_{-\infty}^{+\infty} f(x)\mathrm{d}x$ 收敛性用极限 $\displaystyle\lim_{A\to\infty}\int_{-A}^{+A} f(x)\mathrm{d}x$ 的存在来定义是否可以,为什么?(例如,$\displaystyle\lim_{A\to\infty}\int_{-A}^{+A} x\mathrm{d}x = \lim_{A\to\infty}\left[\frac{1}{2}x^2\right]_{-A}^{+A} = \lim_{x\to\infty}0 = 0,$ 而 $\displaystyle\int_{-\infty}^{+\infty} x\mathrm{d}x$ 发散)

问题 5　在无界函数广义积分的概念中"极限 $\displaystyle\lim_{\varepsilon\to 0^+}\int_{a+\varepsilon}^b f(x)\mathrm{d}x$ 称为连续函数 $f(x)$ 在区间 $(a,b]$ 上的广义积分",对这个极限存在要求吗?这说明了什么?

问题 6　在什么条件下,无界函数广义积分 $\displaystyle\lim_{\varepsilon\to 0^+}\int_{a+\varepsilon}^b f(x)\mathrm{d}x$ 有意义,是个确定的值?

问题 7　无界函数的广义积分 $\displaystyle\int_a^b f(x)\mathrm{d}x$ 收敛的充要条件是 $\displaystyle\int_a^c f(x)\mathrm{d}x, \int_c^b f(x)\mathrm{d}x$ 都收敛,仅其中一个收敛行不行?

问题 8　无界函数的广义积分 $\displaystyle\int_a^b f(x)\mathrm{d}x$ 收敛性用极限 $\displaystyle\lim_{\varepsilon\to 0^+}\left[\int_a^{c-\varepsilon} f(x)\mathrm{d}x + \int_{c+\varepsilon}^b f(x)\mathrm{d}x\right]$ 的存在来定义是否可以,为什么?(例如,

$$\lim_{\varepsilon\to 0^+}\left[\int_{-\frac{\pi}{4}}^{-\varepsilon}\cot x\mathrm{d}x + \int_{+\varepsilon}^{\frac{\pi}{4}}\cot x\mathrm{d}x\right] = \lim_{\varepsilon\to 0^+}\left[(\ln\cos x)_{-\frac{\pi}{4}}^{-\varepsilon} + (\ln\cos x)_{\varepsilon}^{\frac{\pi}{4}}\right]$$
$$= \lim_{\varepsilon\to 0^+}\left(\ln\cos\varepsilon - \ln\frac{\sqrt{2}}{2} + \ln\frac{\sqrt{2}}{2} - \ln\cos\varepsilon\right)$$
$$= 0.$$

而 $\displaystyle\int_{-\frac{\pi}{4}}^{\frac{\pi}{4}}\cot x\mathrm{d}x$ 发散)。

问题 9　类比无穷限广义积分与无界函数的广义积分有什么共同的规律?

【基本结论】

1. 无穷限广义积分 $\displaystyle\int_a^{+\infty}\frac{1}{x^p}\mathrm{d}x(a > 0)$,在_____时,收敛;在_____时,发散.

2. 无界函数的广义积分 $\displaystyle\int_{-1}^1\frac{1}{x^p}\mathrm{d}x$,在_____时,收敛;在_____时,发散.

【方法与题型】

计算广义积分的方法:首先是用_____求出原函数,然后代入_____,最后求_____.

1. 判断无穷限的广义积分的敛散性，收敛时计算其值.

(1) $\int_0^{+\infty} e^{-x} dx$.

参考解答 因为 $\lim\limits_{b \to +\infty} \int_0^b e^{-x} dx = \lim\limits_{b \to +\infty} - \left[e^{-x} \right]_0^b = \lim\limits_{b \to +\infty} \left[1 - \dfrac{1}{e^b} \right] = 1$，所以

$\int_0^{+\infty} e^{-x} dx$ 收敛，且 $\int_0^{+\infty} e^{-x} dx = 1$.

(2) $\int_2^{+\infty} \dfrac{1}{x \ln^p x} dx$.

参考解答 当 $p = 1$ 时，$\lim\limits_{b \to +\infty} \int_2^b \dfrac{1}{x \ln x} dx = \lim\limits_{b \to +\infty} \left[\ln(\ln x) \right]_2^b = \ln\ln\infty - \ln\ln 2 =$

∞，所以 $\int_2^{+\infty} \dfrac{1}{x \ln x} dx$ 发散.

当 $p \neq 1$ 时，$\lim\limits_{b \to +\infty} \int_2^b \dfrac{1}{x \ln^p x} dx = \lim\limits_{b \to +\infty} \dfrac{1}{1 - p} \left[\ln^{1-p} x \right]_2^b = \begin{cases} \dfrac{\ln^{1-p} 2}{p - 1}, & p > 1, \\ \infty, & p < 1. \end{cases}$

所以，当 $p > 1$ 时，无穷限广义积分收敛，当 $p \leqslant 1$ 时，无穷限广义积分发散.

2. 判断无界函数的广义积分的敛散性，收敛时计算其值.

$\int_0^2 \dfrac{1}{(2 - x)^k} dx$.

参考解答 当 $k = 1$ 时，$\lim\limits_{\varepsilon \to 0^+} \int_0^{2-\varepsilon} \dfrac{1}{2 - x} dx = \lim\limits_{\varepsilon \to 0^+} - \left[\ln(2 - x) \right]_0^{2-\varepsilon} = \infty$，所以

$\int_0^2 \dfrac{1}{2 - x} dx$ 发散.

当 $k \neq 1$ 时，

$\lim\limits_{\varepsilon \to 0^+} \int_0^{2-\varepsilon} \dfrac{1}{(2 - x)^k} dx = \lim\limits_{\varepsilon \to 0^+} \dfrac{1}{k - 1} \left[(2 - x)^{1-k} \right]_0^{2-\varepsilon} = \lim\limits_{\varepsilon \to 0^+} \dfrac{1}{k - 1} [\varepsilon^{1-k} - 2^{1-k}] = \begin{cases} \infty, & k > 1, \\ \dfrac{2^{1-k}}{1 - k}, & k < 1. \end{cases}$

所以，$k < 1$ 时，$\int_0^2 \dfrac{1}{(2 - x)^k} dx$ 收敛，当 $k \geqslant 1$ 时，$\int_0^2 \dfrac{1}{(2 - x)^k} dx$ 发散.

【收获与认识】

第五节　定积分在几何问题中的应用举例【学案】

【学习目标】

1. 理解元素法，了解元素法的使用条件.

2. 会（用元素法）在直角坐标系中求平面图形的面积.

3. 会（用元素法）在极坐标系中求平面图形的面积.

4. 会（用元素法）求旋转体的体积、已知截面面积函数的立体的体积.

5. 会（用元素法）求平面曲线的弧长.

【重、难点】元素法. 用元素法解决实际问题.

【本节概览】

先回顾曲边梯形面积的求解过程，简化、抽象成一般的元素法. 后面三部分的内容是元素法的具体运用：在直角坐标系（参数方程）或极坐标系下求平面图形的面积；求旋转体或已知截面面积函数的立体的体积；在直角坐标系（参数方程）或极坐标系下求曲线的弧长.

【数学思考】

问题1 什么是元素法？

问题2 应用元素法的关键是什么？

问题3 应用元素法求曲边形的面积与根据定积分的几何意义得到的方法是否一致？

问题4 扇形的面积公式是怎样的？为了防止遗忘，我们可以怎样记忆扇形的面积公式？

问题5 圆柱体的体积公式？

问题6 直角坐标、参数方程、极坐标的弧微分公式？

【归纳总结】

1. 面积公式

（1）直角坐标公式 $A = \int_a^b [f(x) - g(x)] \mathrm{d}x$.

（2）极坐标公式 $A = \int_\alpha^\beta \frac{1}{2} \phi^2(\theta) \mathrm{d}\theta$.

2. 体积公式

（1）旋转体的体积公式 $V = \int_a^b \pi [f(x)]^2 \mathrm{d}x$.

（2）截面面积函数已知的立体体积公式 $V = \int_a^b A(x) \mathrm{d}x$.

3. 弧长公式

（1）参数方程：$s = \int_\alpha^\beta \sqrt{\phi'^2(t) + \varphi'^2(t)} \mathrm{d}t$.

（2）直角坐标方程：$s = \int_a^b \sqrt{1 + y'^2} \mathrm{d}x$.

（3）极坐标方程：$s = \int_\alpha^\beta \sqrt{\rho'^2 + \rho^2} \mathrm{d}\theta$.

【方法与题型】 请各类问题分别举例.

1. 求平面图形的面积

(1) 曲线 $y = 2x - x^2$, $y = \dfrac{x}{2}$ 围成的几何图形的面积.

参考解答 解方程组 $\begin{cases} y = 2x - x^2, \\ y = \dfrac{x}{2}. \end{cases}$ 得两曲线的焦点坐标 $(0,0)$, $\left(\dfrac{3}{2}, \dfrac{3}{4}\right)$, 这

两条曲线所围成的图形是以 $\left[0, \dfrac{3}{2}\right]$ 为底、抛物线为曲边的梯形挖去直线为边的梯

形剩下的组合图形, 组合图形的面积为曲边梯形的面积减去梯形的面积.

$$S = \int_0^{\frac{3}{2}} \left[(2x - x^2) - \left(\dfrac{x}{2}\right)\right]dx = \left[-\dfrac{1}{3}x^3 + \dfrac{3}{4}x^2\right]_0^{\frac{3}{2}} = \dfrac{9}{16}.$$

(2) $\rho = 2a(2 + \cos\theta) \ (a > 0)$.

$$A = \int_0^\pi 4a^2(2 + \cos\theta)^2 d\theta = 4a^2 \int_0^\pi \left(4 + 4\cos\theta + \dfrac{1 + \cos2\theta}{2}\right)d\theta$$

$$= 4a^2 \left[4\theta + 4\sin\theta + \dfrac{1}{2}\theta + \dfrac{1}{4}\sin2\theta\right]_0^\pi = 4a^2 \cdot \dfrac{9}{2}\pi = 18\pi a^2.$$

2. 求立体的体积

(1) $y = \sin x \ (0 \leqslant x \leqslant \pi)$ 绕 x 轴旋转一周形成的几何体的体积.

$$V = \pi \int_0^\pi (\sin x)^2 dx = \pi \int_0^\pi \dfrac{1 - \cos2x}{2}dx = \pi \int_0^\pi \dfrac{1}{2}dx - \pi \int_0^\pi \dfrac{1}{4}d\sin(2x) = \dfrac{\pi^2}{2}.$$

(2) $y = x^3$, $x = 2$, $y = 0$ 围成的几何图形绕两轴旋转形成的几何体的体积.

参考解答

$$V_x = \pi \int_0^2 (x^3)^2 dx = \dfrac{\pi}{7}[x^7]_0^2 = \dfrac{128\pi}{7},$$

$$V_y = \pi \int_0^8 (4 - \sqrt[3]{y^2})dy = 32\pi - \dfrac{3\pi}{5}\left[y^{\frac{5}{3}}\right]_0^8 = \dfrac{64\pi}{5}.$$

3. 求平面曲线的弧长

(1) $y = x^{\frac{3}{2}} \ (0 \leqslant x \leqslant 4)$.

参考解答

$$s = \int_0^4 \sqrt{1 + \dfrac{9}{4}x}\,dx = \dfrac{1}{18}\int_0^4 \sqrt{4 + 9x}\,d(9x + 4) = \dfrac{1}{27}\left[(4 + 9x)^{\frac{3}{2}}\right]_0^4 = \dfrac{80\sqrt{10} - 8}{27}.$$

(2) 计算曲线 $\begin{cases} x = t^2, \\ y = \dfrac{1}{3}t^3, \end{cases}$ $(0 \leqslant t \leqslant 2)$ 一段的弧长.

参考解答

$$s = \int_0^2 \sqrt{4t^2 + t^4}\,dt = \dfrac{1}{2}\int_0^2 \sqrt{4 + t^2}\,d(4 + t^2) = \dfrac{1}{3}\left[(4 + t^2)^{\frac{3}{2}}\right]_0^2 = \dfrac{16\sqrt{2} - 8}{3}.$$

（3）$\rho = e^{m\theta}$（$0 \leqslant \theta \leqslant 2\pi$）．

参考解答

$$s = \int_0^{2\pi} \sqrt{e^{2m\theta} + m^2 e^{2m\theta}} \, d\theta = \frac{\sqrt{1 + m^2}}{m} \int_0^{2\pi} e^{m\theta} d(m\theta)$$

$$= \frac{\sqrt{1 + m^2}}{m} \left[e^{m\theta} \right]_0^{2\pi} = \frac{\sqrt{1 + m^2}}{m} (e^{2m\pi} - 1).$$

【收获与认识】

第六节　定积分在物理学中的应用举例【学案】

【学习目标】正确应用元素法解决物理学中的变力沿直线做功、水压力问题、引力问题*．

【重、难点】在定义域的一个小区间 $[x, x + dx]$ 上，找出所求量的近似值（积分表达式）．

【本节概览】

内容有三部分，求变力沿直线做功的两个例题，求水对闸门（挡板）压力的两个例题和引力的一个例题．每个例题都要根据题目条件，选取适当的方向建立坐标轴或建立适当的坐标系，在自变量变化的一个小区间 $[x, x + dx]$ 上，根据物理原理、数学关系求出功、力的增量的近似值，并以此作为积分表达式，在一定的区间上积分，求得所求的物理量．

【数学思考】

问题1　如果物体在恒力 F 的作用下移动的距离为 s，那么力对物体做的功为 $W = F \cdot s$．现在力是变化的，如何求变力做功？

联想到曲边梯形的面积的求法、变速直线运动的路程求法，求变力沿直线做功的问题，怎么求？

问题2　如果采用元素法来求变力做功，怎么求？二者是否一致？

问题3　压力、压强、受力面积之间什么关系？

问题4　在自变量变化的一个小区间上，对应的闸门上的受力区域我们怎样计算其面积？

问题5　你对元素法有什么认识？

【方法与题型】每种类型各举一例．

1. 变力沿直线做功问题

（1）一弹簧被拉长 0.02m 时，需要用力 9.8N，求将弹簧拉长 0.1m 时外力所做的功．

参考解答 由物理学知识，在弹性限度内，使弹簧产生伸缩变形的力，它的大小与伸缩量成正比. 因此，当弹簧伸缩了 x 时，这力的大小为

$$F(x) = kx(k > 0).$$

先确定比例系数 k，因为当 $x = 0.02\text{m}$ 时，$F = 9.8\text{N}$，所以 $k = 490\text{N/m}$. 从而

$$F(x) = 490x(\text{N}).$$

以 x 为积分变量，它的变化区间为 $[0, 0.1]$. 设 $[x, x + \text{d}x]$ 为 $[0, 0.1]$ 上的任一小区间，以 $F(x)$ 作为 $[x, x + \text{d}x]$ 上各点处外力的近似值，那么在该力作用下，弹簧从 x 被拉伸到 $x + \text{d}x$ 时，该力做的功近似于 $\text{d}W = F(x)\text{d}x = 490x\text{d}x(\text{J})$.

于是所求的功为

$$W = \int_0^{0.1} 490x\text{d}x = 490 \cdot \left[\frac{x^2}{2}\right]_0^{0.1} = 2.45\text{J}.$$

（2）一圆锥形水池，池口直径为 20m，深 15m，池中盛满了水，若要将池中水全部排出，外力需要做多少功？

参考解答 以圆锥上底圆心为原点，以过下顶点的直线为 x 轴，y 轴位于水平面上，圆锥的轴截面上一腰方程为 $y = -\dfrac{2}{3}x + 10 \ (0 \leqslant x \leqslant 15)$.

以深度 x 为积分变量，它的变化区间为 $[0, 15]$. 相应于 $[0, 15]$ 的任一小区间 $[x, x + \text{d}x]$ 上的一层薄水，其深度为 $\text{d}x(\text{m})$，将其抽出所做的功近似为

$$\text{d}W = 1000 \times 9.8 \times \pi \left(-\frac{2}{3}x + 10\right)^2 \text{d}x(\text{J}).$$

此即为功元素. 于是

$$W = 9800\pi \int_0^{15} \left(-\frac{2}{3}x + 10\right)^2 \text{d}x = 9.8 \times 10^3 \pi \left[\frac{4x^3}{27} - \frac{20}{3}x^2 + 100x\right]_0^{15}$$

$$= 9.8 \times 500 \times 10^3 \pi \ \text{J} = 4.9 \times 10^6 \pi \ \text{J}.$$

2. 水压力问题

（1）有一竖直的薄板，形状是等腰梯形，上底长为 4m，恰位于水面，下底长为 3m，高为 4m，求该薄板一侧所受到水的压力.

参考解答 以梯形上底中心为原点，以过下底中心的直线为 x 轴，上底为 y 轴，位于水平面上，梯形一腰方程为 $y = -\dfrac{1}{8}x + 2(0 \leqslant x \leqslant 4)$.

以深度 x 为积分变量，它的变化区间为 $[0, 4]$. 相应于 $[0, 4]$ 的任一小区间 $[x, x + \text{d}x]$ 上的一个小的等腰梯形，其深度为 $\text{d}x(\text{m})$，所受到的压力近似为

$$\text{d}F = 1000 \times 9.8 \times 2\left(-\frac{1}{8}x + 2\right)x\text{d}x.$$

此即为外力元素. 于是

$$F = 19600 \int_0^4 \left(-\frac{1}{8}x + 2 \right) x \mathrm{d}x = 19600 \left[-\frac{x^3}{24} + x^2 \right]_0^4 = \frac{784000}{3} \mathrm{N}.$$

（2）设有一高为 3m，宽为 2m 的矩形薄板垂直浸入水中，当水面超过薄板顶部 2m 时，求薄板一侧所受到的水的压力.

参考解答　以矩形上底中心处上升 2m 的水面上的点为原点，以过下底中心的直线为 x 轴，水面上平行于上底的方向为 y 轴.

以深度 x 为积分变量，它的变化区间为 $[2,5]$. 相应于 $[2,5]$ 的任一小区间 $[x,x+\mathrm{d}x]$ 上的一个小的矩形，其深度为 $\mathrm{d}x(\mathrm{m})$，所受到的压力近似为

$$\mathrm{d}F = 1000 \times 9.8 \times 2x \mathrm{d}x.$$

此即为外力元素. 于是

$$F = 19600 \int_2^5 x \mathrm{d}x = 19600 \left[\frac{x^2}{2} \right]_2^5 = 205800 \mathrm{N}.$$

3. 引力问题

一质量为 m 的质点位于 x 轴上 $x = 10$ 的位置，一细棒位于 $0 \leqslant x \leqslant 5$，它的线密度为 $\rho(x) = 2x$，求细棒对于质点的引力，如图 5-6-1 所示.

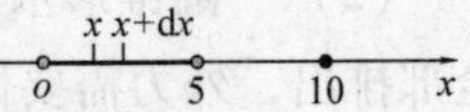

图　5-6-1

参考解答　在 $[0,5]$ 上任取一小区间 $[x,x+\mathrm{d}x]$ 的细棒的质量为 $2x\mathrm{d}x$，距离质点的距离为 $10 - x$，这一小段细棒对质点的引力为 $\mathrm{d}F = G \cdot \dfrac{m2x\mathrm{d}x}{(10-x)^2}$，以此作为被积表达式，在 $[0,5]$ 上积分，得细棒对质点的引力方向向左，大小为

$$F = 2Gm \int_0^5 \frac{x}{(10-x)^2} \mathrm{d}x = 2Gm \left[\frac{x}{10-x} \bigg|_0^5 + \ln(10-x)_0^5 \right] = 2(1 - \ln2)Gm.$$

4. 转动惯量问题

位于 x 轴上区间 $[0,l]$，线密度为 $\rho(x)(0 \leqslant x \leqslant l)$ 的细棒对坐标原点的转动惯量.

参考解答　在 $[0,l]$ 上任取一小区间 $[x,x+\mathrm{d}x]$ 的细棒的质量为 $\rho(x)\mathrm{d}x$，距离质点的距离为 x，这一小段细棒对原点的转动惯量为 $\mathrm{d}I = x^2\rho(x)\mathrm{d}x$，以此作为被积表达式，在 $[0,l]$ 上积分，得细棒对原点的转动惯量

$$I = \int_0^l x^2\rho \mathrm{d}x.$$

【收获与认识】

第六章 常微分方程

第一节 微分方程的基本概念【学案】

【学习目标】

了解常微分方程的基本概念：微分方程、常微分方程、微分方程的阶、微分方程的解、微分方程的通解、初始条件、微分方程的特解、微分方程的初值问题、积分曲线.

【重、难点】 微分方程的阶与微分方程的解.

【归纳总结】

如果课前学生完成了这节内容，达到要求，课堂无须处理.

这一节的内容就是简单的几个概念和两个微分方程的例子，教学可以采取阅读的方式，只要把几个概念搞清楚即可.

基本内容：

1. 含有未知函数的_____的等式，称为微分方程.

2. 未知函数是_____的微分方程，称为常微分方程.

3. 微分方程中所出现的未知函数的最高阶_____的阶数，称为微分方程的阶.

4. 微分方程的解中含有独立的常数，并且常数的个数与_____相同，这样的解称为微分方程的通解.

知识结构：

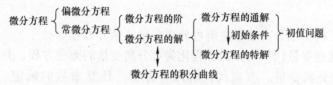

【方法与题型】

这一节的题目类型有四种：判断方程的阶数，判断所给出的解是不是微分方程的解，根据初始条件确定通解中的任意常数，根据具体条件写出微分方程. 都是比较简单的题目.

1. 指出微分方程的阶数.

略.

2. 指出给出的函数是否为微分方程的解.

（1）$x^2 y'' - 2xy' + 2y = 0$，$y = x^2 + x$.

参考解答　所给函数的导数 $y' = 2x + 1$，$y'' = 2$，代入方程，得 $(4x^2 - 4x^2) + (2x - 2x) = 0$，又因为函数表达式中不含任意常数，所以是微分方程的特解.

（2）$y'' = 1 + y^2$，$y = xe^x$.

参考解答　所给函数的导数 $y' = e^x + xe^x$，$y'' = 2e^x + xe^x$，代入方程，得 $(2 + x)e^x \neq 1 + x^2 e^{2x}$，所以所给函数不是微分方程的解.

3. 确定下列函数中的常数的值，使函数满足所给的初始条件.

$$y = (C_1 + C_2 x)e^{2x}, y|_{x=0} = 0, y'|_{x=0} = 1.$$

参考解答　函数的导数为　　$y' = (2C_1 + C_2 + 2C_2 x)e^{2x}$.

将初始条件代入函数及其导数，得

$$\begin{cases} 0 = C_1, \\ 1 = 2C_1 + C_2. \end{cases}$$

所以 $C_1 = 0$，$C_2 = 1$.

满足初始条件的函数为 $y = xe^{2x}$.

4. 写出由下列条件确定的曲线的方程所满足的微分方程.

曲线在 (x, y) 点处切线的斜率等于该点横坐标的平方.

参考解答　设曲线的方程为 $y = y(x)$，据题意得微分方程

$$y' = x^2.$$

【收获与认识】

第二节　可分离变量的微分方程与齐次方程【学案】

【学习目标】

1. 能够正确应用分离变量法解可分离变量的微分方程.

2. 能够通过变量代换将齐次方程化为可分离变量的微分方程，并正确求解.

【重、难点】分离变量、变量代换解微分方程. 任意常数的确定、代换适当的变量.

【学习准备】

可分离变量的微分方程的解法是解微分方程最简单同时也是最基本的解法，其他方程都要转化为可分离变量的微分方程，通过分离变量两边积分来解.

【数学思考】

问题1　分离变量法解微分方程依据的是什么运算？

问题 2 求得的微分方程的解都是隐式解吗?

问题 3 求解微分方程时,特解需要特殊处理吗?

问题 4 如果不变形,怎样判断方程是齐次方程?

【方法与题型】

1. 求可分离变量的微分方程的通解或特解

(1)求 $y\ln x\mathrm{d}x + x\ln y\mathrm{d}y = 0$ 的通解.

参考解答 分离变量,得

$$\frac{\ln y\mathrm{d}y}{y} = -\frac{\ln x\mathrm{d}x}{x}.$$

两边积分,得

$$\frac{1}{2}\ln^2 y = -\frac{1}{2}\ln^2 x + \frac{1}{2}C,$$

即

$$\ln^2 x + \ln^2 y = C.$$

(2)求微分方程 $\cos y + y'(1 + \mathrm{e}^{-x})\sin y = 0$ 满足初始条件 $y|_{x=0} = \frac{\pi}{4}$ 的特解.

参考解答 分离变量,得

$$-\frac{\mathrm{e}^x\mathrm{d}x}{1 + \mathrm{e}^x} = \frac{\sin y}{\cos y}\mathrm{d}y.$$

两边积分,得

$$-\ln(1 + \mathrm{e}^x) = -\ln\cos y - \ln C,$$

即

$$1 + \mathrm{e}^x = C\cos y.$$

将初始条件 $y|_{x=0} = \frac{\pi}{4}$ 代入,得 $C = 2\sqrt{2}$.

所以方程满足初始条件的特解为 $1 + \mathrm{e}^x = 2\sqrt{2}\cos y$.

2. 变量代换法解微分方程

(1)$xy' - y - \sqrt{y^2 - x^2} = 0$.

参考解答 方程变形为 $y' = \frac{y}{x} + \sqrt{\left(\frac{y}{x}\right)^2 - 1}$.

令 $u = \frac{y}{x}$,则 $\frac{\mathrm{d}y}{\mathrm{d}x} = u + x\frac{\mathrm{d}u}{\mathrm{d}x}$,代入上式,得

$$u + x\frac{\mathrm{d}u}{\mathrm{d}x} = u + \sqrt{u^2 - 1}.$$

分离变量,得 $\frac{\mathrm{d}u}{\sqrt{u^2 - 1}} = \frac{\mathrm{d}x}{x}$.

两边积分,得 $\ln(u + \sqrt{u^2 - 1}) = \ln x + \ln C,$

即
$$u + \sqrt{u^2 - 1} = Cx.$$

将 $u = \dfrac{y}{x}$ 代入，得方程的通解为 $y + \sqrt{y^2 - x^2} = Cx^2$.

（2） $\dfrac{\mathrm{d}y}{\mathrm{d}x} = \dfrac{1}{x - y} - 1$.

参考解答　令 $u = x - y$，则　　$y = x - u$，$\dfrac{\mathrm{d}y}{\mathrm{d}x} = 1 - \dfrac{\mathrm{d}u}{\mathrm{d}x}$.

代入方程，得

$$1 - \dfrac{\mathrm{d}u}{\mathrm{d}x} = \dfrac{1 - u}{u}.$$

整理，得

$$\dfrac{\mathrm{d}u}{\mathrm{d}x} = \dfrac{2u - 1}{u}.$$

分离变量，得

$$\dfrac{u}{2u - 1}\mathrm{d}u = \mathrm{d}x.$$

两边积分

$$\int\left(\dfrac{1}{2} + \dfrac{1}{2}\dfrac{1}{2u - 1}\right)\mathrm{d}u = \int\mathrm{d}x,$$

得

$$\dfrac{1}{2}u + \dfrac{1}{4}\ln(2u - 1) = x + C_1,$$

即

$$2u + \ln(2u - 1) = 4x + C.$$

从而方程的解为
$$\ln(2x - 2y - 1) = 2x + 2y + C.$$

【归纳总结】

1. 微分方程解出的隐式解居多.

2. 采用变量分离法解微分方程时，注意常数处理的技巧，是原形还是对数的形式合适，放在等号的哪一侧，前面是正号还是负号要根据具体方程灵活掌握.

3. 齐次方程把握的技巧是方程含有变量 x, y 的单项式的次数是一样的.

4. 将 x, y 哪个视为自变量，哪个视为函数，依问题的需要而定，怎么好做怎么做.

5. 变量代换是解决问题的一种通用的方法.

【收获与认识】

第三节 一阶线性微分方程【学案】

【学习目标】

1. 掌握一阶线性微分方程（齐次与非齐次）形式的特点.
2. 能根据齐次方程的通解类比猜想到非齐次方程解的形式，得到常数变异法.
3. 能够用常数变易法推导出非齐次方程的公式解.
4. 会用常数变易法求一阶线性微分方程的通解. 正确地解决相关的应用问题.
5. 经历从齐次方程的解到非齐次方程的解的探索过程，提高对由一般到特殊、从易到难、从简单到复杂等化归方法的认识.

【重、难点】 用常数变异法求解非齐次一阶线性微分方程. 常数变易法.

【学习准备】

"一阶线性微分方程作为常微分方程的基础内容之一，具有完整的理论和丰富的实际背景." 学好本节内容对提高学生后继学习的积极性和思维能力具有基础作用. 根据从特殊到一般、从易到难、从简单到复杂的化归原则，先用学过的变量分离法求解齐次方程，再根据非齐次方程与齐次方程的特点，联想到非齐次方程解的形式，得到非齐次方程与齐次方程通解之间的关系. 应用问题的解决提高了学生分析问题、解决问题的能力.

复习分离变量法解微分方程.

【数学思考】

问题1 一阶线性微分方程用符号怎么表示？

问题2 一阶齐次线性微分方程和非齐次方程之间有什么关系？通解之间有什么关系？

问题3 一阶齐次线性微分方程和非齐次方程通解之间有什么关系？

问题4 在用常数变异法求非齐次方程解的过程中，为什么能看着齐次方程的通解进行变换 $u(x) \to C$ 后，就能得到未知函数 $u(x)$ 所满足的微分方程呢？

【方法与题型】

1. 求一阶线性非齐次方程 $y' + y\tan x = \sin 2x$ 的通解

参考解答 其对应的齐次方程为

$$y' + y\tan x = 0.$$

分离变量，得

$$\frac{\mathrm{d}y}{y} = -\frac{\sin x}{\cos x}\mathrm{d}x.$$

两边积分，得

$$\ln|y| = \ln|\cos x| + \ln|C|.$$

从而齐次方程的解为

$$y = C\cos x.$$

设非齐次方程的解为
$$y = C(x)\cos x.$$

将其代入方程，得
$$C'(x)\cos x = 2\sin x\cos x.$$

于是
$$C'(x) = 2\sin x,$$

从而
$$C(x) = -2\cos x + C.$$

非齐次方程的解为
$$y = (C - 2\cos x)\cos x = C\cos x - 2\cos^2 x.$$

2. 求一阶线性微分方程的特解（应用问题）

将质量为 m 的物体垂直上抛. 假设初速度为 v_0，空气阻力与速度成正比（比例系数为 k），求物体上升过程中速度与时间的函数关系.

参考解答 设速度函数为 $v(t)$，根据题意得

$$\frac{\mathrm{d}v}{\mathrm{d}t} = -\left(g + \frac{kv}{m}\right),$$

初始条件为 $v|_{t=0} = v_0$.

其对应的齐次方程为
$$\frac{\mathrm{d}v}{\mathrm{d}t} + \frac{kv}{m} = 0.$$

分离变量，得

$$\frac{\mathrm{d}v}{v} = -\frac{k\mathrm{d}t}{m}.$$

两边积分，得

$$\ln v = -\frac{kt}{m} + \ln C,$$

即
$$v = Ce^{-\frac{kt}{m}}.$$

令 $v = ue^{-\frac{kt}{m}}$，则

$$\frac{\mathrm{d}u}{\mathrm{d}t}e^{-\frac{kt}{m}} = -g.$$

整理，得
$$\mathrm{d}u = -ge^{\frac{kt}{m}}\mathrm{d}t.$$

两边积分，得
$$u = -\frac{mg}{k}e^{\frac{kt}{m}} + C,$$

所以方程的通解为
$$v = -\frac{mg}{k} + Ce^{-\frac{kt}{m}}.$$

将初始条件为 $v|_{t=0} = v_0$ 代入上式，得 $C = v_0 + \frac{mg}{k}$，所以方程的特解为

$$v = -\frac{mg}{k} + \left(v_0 + \frac{mg}{k}\right)e^{-\frac{kt}{m}}.$$

【归纳总结】

1. 本章中，教材的编排方式都是采用演绎的方法，先介绍一般的方法，或推导一般的公式，后边再按公式或方法求解具体的方程.

2. 推导的公式一般说来记不住，具体解方程时都是用常数变易法先推导，具

体步骤是：先解对应的齐次方程（可分离变量的），再将常数 C 变易为 $u=u(x)$，最后解关于 u 的方程（可分离变量的）.

3. 操作常数变易法，应注意可以直接由齐次方程的通解和非齐次方程得到第二个方程（关于 u 的方程），所以运算量并不一定大.

【收获与认识】

第四节　可降阶的高阶微分方程【学案】

【学习目标】

1. 能够把握可降阶的高阶微分方程的形式，特别是二阶微分方程的形式，能够正确地进行变量代换，运算求解.

2. 理解可降阶的微分方程解法的视角，理解对变量认识的视角.

【重、难点】第二、三种类型的微分方程的解法. 变量替换的根据与方法.

【学习准备】

复习复合函数求导方法.

【数学思考】

问题1　高阶导数是逐次求导求得的，这样的高阶微分方程怎么解，例如 $y'''=x\sin x$？

问题2　猜想一下，一般地，$y^{(n)}=f(x)$ 型的微分方程怎么求解？

问题3　这种 $y''=f(x,y')$ 型的微分方程，其中 x 是自变量，未知函数 y 没有出现，y' 是自变量 x 的函数，y'' 是 y' 对 x 的一阶导数，如果这样看的话：x 是自变量，y' 是自变量 x 的函数，y'' 是 y' 对 x 的一阶导数，这个微分方程怎么能使其降阶？

问题4　对于 $y''=f(y,y')$ 型的微分方程，方程中未含有自变量，y'，y'' 都是 y 的函数，这个微分方程可以怎样使其降阶？令 $y'=p$，$y''=\dfrac{\mathrm{d}p}{\mathrm{d}x}=\dfrac{\mathrm{d}p}{\mathrm{d}y}\dfrac{\mathrm{d}y}{\mathrm{d}x}=p\dfrac{\mathrm{d}p}{\mathrm{d}y}$，代入方程化为 $p\dfrac{\mathrm{d}p}{\mathrm{d}y}=f(y,p)$ 这是相当于 y 是自变量、p 是未知函数的一阶微分方程.

【方法与题型】请各类方程各举一例.

1. 第一种类型：$y'''=x e^x$

连续积分三次，$y''=\displaystyle\int x e^x \mathrm{d}x = x e^x - e^x + 2C_1$，

$$y'=\int (x e^x - e^x + 2C_1)\mathrm{d}x + C_2 = x e^x - 2e^x + 2C_1 x + C_2,$$

$$y = \int (xe^x - 2e^x + 2C_1 x + C_2) dx + C_3 = xe^x - 3e^x + C_1 x^2 + C_2 x + C_3.$$

2. 第二种类型：$xy'' + y' = 2x$

参考解答　令 $y' = p$，则 $y'' = \dfrac{dp}{dx}$，代入方程，$\dfrac{dp}{dx} + \dfrac{p}{x} = 2.$

先解其对应的齐次方程　　　$\dfrac{dp}{dx} + \dfrac{p}{x} = 0.$

分离变量，得　　　　　　$\dfrac{dp}{p} = -\dfrac{1}{x} dx.$

两边积分，得　　　　　　$\ln p = -\ln x + \ln C,$

即　　　　　　　　　　　$p = \dfrac{C}{x}.$

设 $p = \dfrac{u}{x}$，则　　　　　$\dfrac{du}{dx} \dfrac{1}{x} = 2.$

分离变量，得　　　　　　$du = 2x dx.$

积分，得　　　　　　　　$u = x^2 + C_1.$

代入通解公式得　　　　　$p = x + \dfrac{C_1}{x}.$

再积分一次，得　　　　　$y = \dfrac{1}{2}x^2 + C_1 \ln x + C_2.$

3. 第三种类型：$y'' + \dfrac{2}{1-y} y'^2 = 0$

参考解答　令 $y' = p$，则 $y'' = \dfrac{dp}{dy} \cdot \dfrac{dy}{dx} = p\dfrac{dp}{dy}$，代入方程，得　$p\dfrac{dp}{dy} = -\dfrac{2}{1-y} p^2.$

分离变量，得　　　　　　$\dfrac{dp}{p} = \dfrac{2}{y-1} dy.$

两边积分，得　　　　　　$\ln p = 2\ln(y-1) + \ln C_1,$

即　　　　　　　　　　　$p = C_1 (y-1)^2.$

亦即　　　　　　　　　　$\dfrac{dy}{dx} = C_1 (y-1)^2.$

分离变量，得　　　　　　$\dfrac{dy}{(y-1)^2} = C_1 dx.$

两边积分，得　　　　　　$\dfrac{1}{1-y} = C_1 x + C_2.$

4. 应用题

设子弹已 200m/s 的速度射入厚度为 0.1m 的木板，受到的阻力大小与子弹的速度的平方成正比．如果子弹穿出木板时的速度为 80m/s，求子弹穿过木板所需要的时间.

参考解答 设子弹穿过木板的厚度函数为 $x(t)$，根据题意，得

$$x'' = \frac{-kx'^2}{m},$$

其中 $k>0$，m 是子弹的质量，初始条件为 $x|_{t=0}=0$，$x'|_{t=0}=200$.

令 $x'=p$，则 $x''=p\dfrac{\mathrm{d}p}{\mathrm{d}x}$，代入方程，得 $\quad p\dfrac{\mathrm{d}p}{\mathrm{d}x} = -\dfrac{k}{m}p^2$.

整理，得

$$\frac{\mathrm{d}p}{p} = -\frac{k}{m}\mathrm{d}x.$$

两边积分，得

$$\ln p = -\frac{k}{m}x + \ln C_1,$$

即

$$p = C_1 \mathrm{e}^{-\frac{k}{m}x}.$$

代入初始条件为 $x|_{t=0}=0$，$x'|_{t=0}=200$，得 $C_1=200$，于是 $\quad p=200\mathrm{e}^{-\frac{k}{m}x}$.

分离变量，得

$$\mathrm{e}^{\frac{k}{m}x}\mathrm{d}x = 200\mathrm{d}t.$$

两边积分，得

$$\frac{m}{k}\mathrm{e}^{\frac{k}{m}x} = 200t + C_2.$$

代入初始条件 $x|_{t=0}=0$，$x'|_{t=0}=200$，得 $\dfrac{m}{k}=C_2$，即 $\quad \dfrac{m}{k}\mathrm{e}^{\frac{k}{m}x} = 200t + \dfrac{m}{k}$.

由 $x(t)=0.1$，$x'(t)=80$，得方程组

$$\begin{cases} 80 = 200\mathrm{e}^{-\frac{k}{m}\times 0.1}, & (1) \\[2mm] \dfrac{m}{k}\mathrm{e}^{\frac{k}{m}\times 0.1} = 200t + \dfrac{m}{k}. & (2) \end{cases}$$

由式 (1) 得 $\qquad \mathrm{e}^{\frac{k}{m}\times 0.1} = \dfrac{5}{2},$ $\qquad\qquad\qquad$ (3)

将式 (3) 代入式 (2)，得 $\quad 200t = \dfrac{3}{2}\cdot\dfrac{m}{k}$ $\qquad$ (4)

由式 (3) 得 $\dfrac{k}{m}=10(\ln 5 - \ln 2)$，代入式 (4)，得

$$200t = \frac{3}{2}\cdot\frac{1}{10(\ln 5 - \ln 2)}.$$

所以，$t = \dfrac{3}{4000(\ln 5 - \ln 2)}$.

【归纳总结】

本节可降阶的微分方程有三种类型：

第一类 $y^{(n)}=f(x)$ 是逐次求导得到的，自然可以通过逐次积分求得原函数.

$y=y(x)$ 对 x 求 n 阶导数得到 $y^{(n)}=f(x)$，所以，根据导数（微分）运算与积分运算的互逆性，只要对 $y^{(n)}=f(x)$ 连续积分 n 次，就可以得到未知函数 $y=y(x)$. 其中

每积一次分，就会产生一个任意常数，所以得到的关于任意常数的部分的表达式是一个 $n-1$ 次多项式，为了使多项式部分系数整齐，需要处理任意常数的系数.

第二类是 $y''=f(x,y')$，出现自变量、未知函数不出现，出现未知函数的一阶导数，于是未知函数的一阶导数也是自变量的未知函数，求得导数，再积分，所以这是一个视角的问题.

对 $y''=f(x,y')$ 形式的认识有一个认识角度的问题. 其中 x 是自变量，$y=y(x)$ 是待求的未知函数，但是它不出现，出现的是另一个关于 x 的未知函数 $y'=y'(x)$ 和它的一阶导数，所以，如果采取这样的观点，这个方程就是前面所学的一阶方程，如果可以求出其中的未知函数 $y'=y'(x)$，那么再积一次分，就可以得到 $y=y(x)$.

第三类是 $y''=f(y,y')$，未出现自变量，故一阶导数和二阶导数都是未知函数的导数，可以将未知函数作为自变量看待.

对于 $y''=f(y,y')$ 这种形式，可以这样来认识，这是外函数，所求的是内函数 $y=y(x)$，那么其中的 y 就是中间变量，在这个形式中处于自变量的位置，这样就可以看成自变量 y，和其有关的函数 $y'=y'(x)$，以及 $y'=y'(x)$ 的导数（是对 x 的，并不是对 y 的），这样就又转化成了一阶微分方程，如果求得未知函数 $y'=y'(x)$，那么再积一次分，就可以得到 $y=y(x)$.

【收获与认识】

第五节　二阶线性微分方程【学案】

【学习目标】

1. 了解二阶线性微分方程的基本概念：二阶线性微分方程、二阶常系数线性微分方程、二阶齐次线性微分方程、二阶非齐次线性微分方程.

2. 掌握二阶齐次线性微分方程解的结构、非齐次方程与对应的齐次方程的通解之间的关系及叠加原理.

【重、难点】 非齐次方程与对应的齐次方程的解之间的关系.

【阅读完成】

如果课前同学能完成引例和概念的阅读，定理的说明还需课堂完成.

这一节的内容有：两个二阶常系数线性微分方程的例子、二阶线性微分方程的四个概念和齐次方程解的结构、非齐次方程与对应的齐次方程的解之间的关系、叠加原理的说明.

基本内容：

1. 形如_____ 的微分方程，称为二阶线性微分方程.

2. 如果二阶线性微分方程的未知函数与未知函数的一阶导数的系数都是常数，这样的二阶线性微分方程，称为_____微分方程.

3. 在二阶线性微分方程中，如果 $f(x)=0$，则微分方程称为_____ ；如果 $f(x)\neq0$，则微分方程称为_____ .

4. 二阶齐次线性微分方程的两个解 $y_1(x),y_2(x)$，如果_____ ，则称这两个解是独立的（线性无关）.

5. 如果 $y_1(x),y_2(x)$ 是二阶齐次线性微分方程的两个独立的解，则该方程的通解为_____ .

6. 如果 $Y(x)$ 是二阶齐次线性微分方程的通解，$y^*(x)$ 是对应的非齐次方程的一个解，则非齐次方程的通解为_____ .

7. 如果 $y_1^*(x),y_2^*(x)$ 是二阶非齐次线性微分方程的两个解，则 $y_1^*(x)-y_2^*(x)$ 是_____ .

8. 叠加原理：_____

_____ .

知识结构：

$$\text{二阶线性微分方程}\begin{cases}\text{二阶常系数线性微分方程}\begin{cases}\text{二阶齐次线性微分方程}\\ \downarrow\\ \text{二阶非齐次线性微分方程}\end{cases}\\ \text{其他}\end{cases}$$

【数学思考】

问题1 根据一阶线性微分方程、二阶线性微分方程的形式特点，猜想 n 阶线性微分方程的形式、n 阶常系数线性微分方程的形式、n 阶齐次线性微分方程的形式如何？

问题2 根据二阶线性微分方程解的结构猜想 n 阶线性微分方程解的结构如何？

问题3 根据一阶（二阶）齐次线性微分方程与非齐次线性微分方程解的关系，猜想 n 阶齐次线性微分方程解与非齐次线性微分方程解的关系如何？

问题4 两个二阶非齐次方程的解能否构造其对应的齐次方程的特解（通解）？三个二阶非齐次方程的解能否构造其对应的齐次方程的特解（通解）？

【方法与题型】

1. 验证所给的函数是否为所给的微分方程的解.

略.

2. 判断齐次线性微分方程的两个解是否独立.

略.

【深化拓展】

1. 非齐次线性微分方程的两个解之差是对应的齐次方程的一个解.

参考解答　设 $y_1^*(x)$, $y_2^*(x)$ 是 $y'' + p(x)y' + q(x)y = f(x)$ 的两个解，则

$$y_1^{*''} + p(x)y_1^{*'} + q(x)y_1^* = f(x),$$
$$y_2^{*''} + p(x)y_2^{*'} + q(x)y_2^* = f(x).$$

于是

$$(y_1^* - y_2^*)'' + p(x)(y_1^* - y_2^*)' + q(x)(y_1^* - y_2^*)$$
$$= y_1^{*''} + p(x)y_1^{*'} + q(x)y_1^* - [y_2^{*''} + p(x)y_2^{*'} + q(x)y_2^*] = f(x) - f(x) = 0.$$

所以，$y_1^*(x) - y_2^*(x)$ 是齐次微分方程的一个解.

2. 非齐次线性微分方程的两个解之比不是常数.

参考解答　设 $y_1^*(x)$, $y_2^*(x)$ 是 $y'' + p(x)y' + q(x)y = f(x)$ 的两个解，若 $\dfrac{y_1^*}{y_2^*} = k(k \in \mathbf{R})$，则 $y_1^* = ky_2^*$. 于是

$$y_1^{*''} + p(x)y_1^{*'} + q(x)y_1^* = f(x).$$

又

$$(ky_2^*)'' + p(x)(ky_2^*)' + q(x)(ky_2^*) = kf(x).$$

这样 $kf(x) = f(x)$，$k = 1$ 或者 $f(x) = 0$.

若 $k = 1$ 与 $y_1^*(x)$, $y_2^*(x)$ 是 $y'' + p(x)y' + q(x)y = f(x)$ 的两个解矛盾；若 $f(x) = 0$ 则与 $y'' + p(x)y' + q(x)y = f(x)$ 是非齐次方程 $f(x) \neq 0$ 矛盾. 所以 $\dfrac{y_1^*}{y_2^*}$ 不是常数.

3. 设 $y_1^*(x)$, $y_2^*(x)$ 是 $y'' + p(x)y' + q(x)y = f(x)$ 的两个解，则 $y = \lambda y_1^* + (1 - \lambda)y_2^*$ $(\lambda \in \mathbf{R})$ 是方程的解.

参考解答　将 $y = \lambda y_1^* + (1 - \lambda)y_2^*$. 代入方程，

$$[\lambda y_1^* + (1 - \lambda)y_2^*]'' + p(x)[\lambda y_1^* + (1 - \lambda)y_2^*]' + q(x)[\lambda y_1^* + (1 - \lambda)y_2^*]$$
$$= \lambda[y_1^{*''} + p(x)y_1^{*'} + q(x)y_1^*] + (1 - \lambda)[y_2^{*''} + p(x)y_2^{*'} + q(x)y_2^*]$$
$$= \lambda f(x) + (1 - \lambda)f(x) = f(x).$$

所以，结论成立.

4. 设 $y_1^*(x)$, $y_2^*(x)$, y_3^* 是 $y'' + p(x)y' + q(x)y = f(x)$ 的三个解，则可以用这三个解表示非齐次线性微分方程的通解.

先找出齐次方程的两个独立（线性无关）的解，则可以表示非齐次方程的通解.

参考解答　由 1 的证明，$y_1 = y_1^* - y_2^*$，$y_2 = y_2^* - y_3^*$ 是齐次方程的两个解，由

3 的证明 $y_1^*(x), y_2^*(x), y_3^*$ 中任意两个线性无关，所以这三个解线性无关.

下用反证法证明 $y_1 = y_1^* - y_2^*$，$y_2 = y_2^* - y_3^*$ 线性无关.

否则若 $\dfrac{y_1^* - y_2^*}{y_2^* - y_3^*} = k$，则 $y_1^* - (1+k)y_2^* + ky_3^* = 0$，$y_1^*(x), y_2^*(x), y_3^*$ 线性相关，这与其线性无关矛盾. 所以 $y_1 = y_1^* - y_2^*$，$y_2 = y_2^* - y_3^*$ 是齐次线性方程两个独立的解，从而非齐次方程的通解为：

$$y = C_1(y_1^* - y_2^*) + C_2(y_2^* - y_3^*) + y_i^*, i = 1, 2, 3.$$

这些结论体现了齐次方程与非齐次方程解之间的规律性.

【收获与认识】

第六节 二阶常系数线性微分方程【学案】

【学习目标】

1. 掌握常系数齐次线性微分方程的标准形式.

2. 能够根据未知函数、未知函数的一阶导数、二阶导数差一个常数的特点，在教师的启发下猜想到二阶常系数齐次线性微分方程解的形式的特点.

3. 理解二阶常系数齐次线性微分方程通解的推导过程，能用其特征方程的根表示出齐次方程的通解.

4. 能根据非齐次方程函数的形式，用待定系数法求得非齐次方程的一个特解，从而表示出非齐次方程的通解.

【重、难点】齐次线性微分方程的通解，非齐次方程的特解. 在特征方程有两个共轭复根的情况下，将复解转化为实解.

【本节概览】

常系数齐次线性微分方程的特解是后续求解非齐次方程解的基础，同时齐次微分方程其特解的探求又与一元二次方程的解联系起来，是发展学生思维能力的好材料. 学好本节内容对提高学生后继学习的积极性和思维能力具有奠基的作用. 类比一阶线性微分方程解的方法，根据二阶常系数齐次线性微分方程形式上的特点，猜想到方程解的形式，将解微分方程转化为解其特征方程，再根据对代数方程根的讨论，辗转得到齐次方程的特解. 从而将解方程的复杂过程转化为简单的程序化的计算，求非齐次方程的特解也转化成待定系数法的程序性的操作步骤. 充分地体现了数学对简洁美的追求，揭示出数学知识之间的内在联系.

【数学思考】

问题 1 一阶线性微分方程求解的常数变易法，我们是怎么得到的？

问题2　一个函数和它的一阶导数、二阶导数之间至多相差一个常数，换句话说，这个函数求了一阶导数、二阶导数后形式上没有变化，猜想：这个函数是什么样的？

问题3　如果齐次方程有两个共轭的虚根时，怎样由两个线性无关的虚解得到两个实解？

问题4　如果 $f(x) = P(x)e^{\lambda x}$，你猜想方程的一个特解是什么样的？

问题5　如果 $f(x) = e^{\lambda x}\left[P_l(x)\cos\omega x + P_n(x)\sin\omega x\right]$，你猜想方程的一个特解是什么样的？

问题6　对于数学知识之间的联系性、规律性、和谐性，你有什么独到的见解？

【方法与题型】

1. 求二阶齐次线性微分方程的通解或特解

（1）$4x'' - 20x' + 25x = 0$.

参考解答　其特征方程为　$4r^2 - 20r + 25 = 0$，

解之，得其有两个相等的实根 $r = \dfrac{5}{2}$，所以，齐次方程的通解为

$$y = (C_1 + C_2 x)e^{\frac{5}{2}x}.$$

（2）$y'' + 6y' + 13y = 0$.

参考解答　其特征方程为　$r^2 + 6r + 13 = 0$，

即　　　　　　　　　　　$(r+3)^2 = -4$.

特征方程有两个不等的虚根　$r_1 = -3 + 2i$，$r_2 = -3 - 2i$，

所以，齐次方程的通解为　$y = (C_1\cos 2x + C_2\sin 2x)e^{-3x}$.

（3）$y^{(4)} + 5y'' - 36y = 0$.

参考解答　其特征方程为　$r^4 + 5r^2 - 36 = 0$，

即　　　　　　　　　　　$(r^2 + 9)(r^2 - 4) = 0$，

特征方程有两个实根、两个虚根　$r_1 = -2$，$r_2 = 2$，$r_3 = 3i$，$r_4 = -3i$，

所以，齐次方程的通解为　$y = C_1\cos 3x + C_2\sin 3x + C_3 e^{-2x} + C_4 e^{2x}$.

结论：二阶常系数齐次线性微分方程的解法可以推广至高阶.

2. 求二阶非齐次线性微分方程的通解或特解

（1）$y'' + 3y' + 2y = 3xe^{-x}$.

参考解答　原方程对应的齐次方程为 $y'' + 3y' + 2y = 0$，它的特征方程为 $r^2 + 3r + 2 = 0$，特征根为 $r_1 = -1$，$r_2 = -2$，所以齐次方程的通解为 $y = C_1 e^{-x} + C_2 e^{-2x}$.

由于 $\lambda = -1$ 是特征方程的单根，可设原方程的一个特解为 $y^* = x(Ax + B)e^{-x}$，代入原方程，得 $2Ax + 2A + B = 3x$，解得 $A = \dfrac{3}{2}$，$B = -3$.

所以原方程的一个特解为 $\quad y^* = x\left(\dfrac{3}{2}x - 3\right)e^{-x}.$

原方程的通解为 $\quad y = C_1 e^{-x} + C_2 e^{-2x} + x\left(\dfrac{3}{2}x - 3\right)e^{-x}.$

（2） $y'' - 2y' + y = x + 2e^x.$

参考解答 原方程对应的齐次方程为 $y'' - 2y' + y = 0$，它的特征方程为 $r^2 - 2r + 1 = 0$，特征根为 $r_{1,2} = 1$，所以齐次方程的通解为 $y = e^x(C_1 + C_2 x).$

对于方程 $y'' - 2y' + y = x$，由于 $\lambda = 0$ 是不是特征方程的根，可设原方程的一个特解为 $y_1^* = Ax + B$，代入原方程，得 $Ax + (B - 2A) = x$，解得 $A = 1$，$B = 2.$

所以方程 $y'' - 2y' + y = x$ 的一个特解为 $y_1^* = x + 2.$

对于方程 $y'' - 2y' + y = 2e^x$，由于 $\lambda = 1$ 是特征方程的重根，可设原方程的一个特解为 $y_2^* = Cx^2 e^x$，代入原方程，得 $C = 1.$

所以方程 $y'' - 2y' + y = 2e^x$ 的一个特解为 $y_2^* = x^2 e^x.$

所以原方程的一个特解为 $\quad y^* = x + 2 + x^2 e^x,$

原方程的通解为 $\quad y = e^x(C_1 + C_2 x) + x + 2 + x^2 e^x.$

（3） $y'' + y = e^x + \cos x.$

参考解答 原方程对应的齐次方程为 $y'' + y = 0$，它的特征方程为 $r^2 + 1 = 0$，特征根为 $r_{1,2} = \pm i$，所以齐次方程的通解为 $y = C_1 \cos x + C_2 \sin x.$

对于方程 $y'' + y = e^x$，由于 $\lambda = 1$ 不是特征方程的根，可设方程的一个特解为 $y_1^* = Ae^x$，代入原方程，得 $2Ae^x = e^x$，解得 $A = \dfrac{1}{2}.$

所以方程 $y'' + y = e^x$ 的一个特解为 $y_1^* = \dfrac{1}{2}e^x.$

对于方程 $y'' + y = \cos x$，由于 $\pm i$ 是特征方程的根，可设方程的一个特解为 $y_2^* = x(A\cos x + B\sin x)$，代入原方程，得 $A = 0$，$B = \dfrac{1}{2}.$

所以方程 $y'' + y = \cos x$ 的一个特解为 $y_2^* = \dfrac{1}{2}x\sin x.$

所以原方程的一个特解为

$$y^* = y_1^* + y_2^* = \frac{1}{2}e^x + \frac{1}{2}x\sin x,$$

原方程的通解为

$$y = C_1 \cos x + C_2 \sin x + \frac{1}{2}e^x + \frac{1}{2}x\sin x.$$

【收获与认识】

复习课（一）【学案】

【学习目标】

1. 回顾基础知识，沟通知识之间的联系，使知识系统化、条理化、结构化.
2. 掌握基本方法，对方法进行归类整理.
3. 提高分析问题解决问题能力.

【基础知识整理】

极限、连续、闭区间上连续函数的性质、导数、中值定理、积分、常微分方程等知识由自己整理完成.

【基本方法归类】请每类至少各举一例（有的题目也可以一题多解）.

1. 求极限的方法

（1）利用极限的四则运算法则求极限.

例1 $\lim\limits_{x \to +\infty} \dfrac{xe^x(2e^x+1)}{[1+(e^x+1)^2](1+e^x)} = \lim\limits_{x \to +\infty} \dfrac{2e^{2x}+e^x}{e^{2x}+2e^x+2} \cdot \dfrac{x}{1+e^x} = \cdots.$

（2）利用函数的连续性求极限.

例2 $\lim\limits_{x \to 0} \dfrac{\sqrt{1+x^2}-1}{x} = \lim\limits_{x \to 0} \dfrac{(1+x^2)-1}{x(\sqrt{1+x^2}+1)} = \lim\limits_{x \to 0} \dfrac{x}{\sqrt{1+x^2}+1} = \cdots.$

（3）幂指函数求极限.

例3 $\lim\limits_{x \to \infty} \left(1+\dfrac{1}{x}\right)^x = e^{\lim\limits_{x \to \infty} x\ln\left(1+\frac{1}{x}\right)} = e^{\lim\limits_{x \to \infty} \frac{\ln\left(1+\frac{1}{x}\right)}{\frac{1}{x}}} = \cdots.$

（4）利用两个重要极限求极限.

例4 $\lim\limits_{x \to 0}(1+2x)^{\frac{3}{\sin x}} = \lim\limits_{x \to 0}[(1+2x)^{\frac{1}{2x}}]^{\frac{6x}{\sin x}} = \lim\limits_{x \to 0}[(1+2x)^{\frac{1}{2x}}]^{\lim\limits_{x \to 0}\frac{6x}{\sin x}} = \cdots.$

（5）利用左右极限求极限.

例5 设 a 为常数，且 $\lim\limits_{x \to 0}\left[\dfrac{e^{\frac{1}{x}}-\pi}{(e^{\frac{1}{x}})^2+1} + a \cdot \arctan \dfrac{1}{x}\right]$ 存在，求 a 的值，并求极限.

解 $\lim\limits_{x \to 0^+}\left[\dfrac{e^{\frac{1}{x}}-\pi}{(e^{\frac{1}{x}})^2+1} + a \cdot \arctan \dfrac{1}{x}\right] = \lim\limits_{x \to 0^+}\dfrac{\frac{e^{\frac{1}{x}}-\pi}{(e^{\frac{1}{x}})^2}}{1+\frac{1}{(e^{\frac{1}{x}})^2}} + a\lim\limits_{x \to 0^+}\arctan \dfrac{1}{x} = \cdots = \dfrac{\pi}{2}a,$

$\lim\limits_{x \to 0^-}\left[\dfrac{e^{\frac{1}{x}}-\pi}{(e^{\frac{1}{x}})^2+1} + a \cdot \arctan \dfrac{1}{x}\right] = \lim\limits_{x \to 0^-}\left[\dfrac{e^{\frac{1}{x}}-\pi}{(e^{\frac{1}{x}})^2+1}\right] + a\lim\limits_{x \to 0^-}\arctan \dfrac{1}{x}$

$\qquad\qquad\qquad = -\pi - \dfrac{\pi}{2}a, \cdots.$

（6）利用等价无穷小代换求极限.

例6　$\lim\limits_{x\to 0}\dfrac{\tan x - \sin x}{x\sin^2 x} = \lim\limits_{x\to 0}\dfrac{\tan x(1-\cos x)}{x\sin^2 x} = \lim\limits_{x\to 0}\dfrac{x\cdot\dfrac{1}{2}x^2}{x\cdot x^2} = \cdots.$

例7　$\lim\limits_{x\to 0}\dfrac{e^{3x} - e^{2x}}{\sqrt{1+x}-1} = \lim\limits_{x\to 0}\dfrac{e^{2x}(e^x - 1)}{\sqrt{1+x}-1} = \lim\limits_{x\to 0}\dfrac{e^{2x}\cdot x}{\dfrac{1}{2}x} = \cdots.$

（7）利用洛必达法则求极限.

例8　$\lim\limits_{x\to 0}\dfrac{e^x - \cos x}{x}\left(\dfrac{0}{0}\right) = \lim\limits_{x\to 0}\dfrac{e^x + \sin x}{1} = \cdots.$

（8）利用导数的定义求极限.

例9　设 $f(x)$ 在 $x = 0$ 处可导，且 $f(0) = 0$，求 $\lim\limits_{x\to 0}\dfrac{x^2 f(x) - 2f(x^3)}{x^3}.$

解　$\lim\limits_{x\to 0}\dfrac{x^2 f(x) - 2f(x^3)}{x^3} = \lim\limits_{x\to 0}\dfrac{x^2 f(x) - 0}{x^2\cdot x} - 2\lim\limits_{x\to 0}\dfrac{f(x^3) - f(0)}{x^3} = \cdots.$

（9）含有变上（下）限积分的极限.

例10　$\lim\limits_{x\to 0}\dfrac{\displaystyle\int_{\cos x}^{1} e^{-t^2}\mathrm{d}t}{x^2}$

解　$\lim\limits_{x\to 0}\dfrac{\displaystyle\int_{\cos x}^{1} e^{-t^2}\mathrm{d}t}{x^2}\left(\dfrac{0}{0}\right) = \lim\limits_{x\to 0}\dfrac{e^{-\cos^2 x}\sin x}{2x} = \cdots.$

（10）利用定积分的定义求极限.

（11）利用夹逼准则求极限.

（12）利用单调有界准则求极限.

2. 闭区间上连续函数的性质

（1）最大值、最小值定理.

（2）零点定理.

（3）介值定理.

例11　若函数 $f(x)$ 在区间 $[a,b]$ 上处处可导（端点指单侧导数）$f'(a) < f'(b)$，则 $\forall c$，$f'(a) < c < f'(b)$，$\exists \xi \in (a,b)$，使得 $f'(\xi) = c$.

证明　设 $g(x) = f(x) - cx$，则 $g(x)$ 在区间 $[a,b]$ 上处处可导，且 $g'(a) = f'(a) - c < 0$，$g(b) = f'(b) - c > 0$.

由于

$$g'(a) = \lim\limits_{x\to a^+}\dfrac{g(x) - g(a)}{x - a} < 0,\ g'(b) = \lim\limits_{x\to b^-}\dfrac{g(x) - g(b)}{x - b} > 0.$$

当 $x > a$，x 充分接近 a 时，有 $g(x) < g(a)$. 同理，当 $x < b$，x 充分接近 b 时，有 $g(x) < g(b)$. 所以，连续函数 $g(x) = f(x) - c$ 在区间 $[a,b]$ 上的最小值在 (a,b) 内取得，存在 $\xi \in (a,b)$，使得 $g(\xi) = \min\limits_{x\in[a,b]} g(x)$，由 $g(x)$ 在区间 $[a,b]$ 上处处可导，根据费马定理，有 $g'(\xi) = f'(\xi) - c = 0$，从而 $f'(\xi) = c$.

例 12　若 $f(x)$ 在区间 $[a,b]$ 上连续，$f(a) = f(b) = 0$，$f'(a) \cdot f'(b) > 0$. 试证：$f(x)$ 在区间 (a,b) 内至少有一个零点.

证明　不妨设 $f'(a) > 0$，$f'(b) > 0$.

由于

$$f'(a) = \lim_{x \to a^+} \frac{f(x) - 0}{x - a} > 0, \quad f'(b) = \lim_{x \to b^-} \frac{f(x) - 0}{x - b} > 0,$$

所以，当 $x > a$，x 充分接近 a 时，有 $f(x) > 0$；当 $x < b$，x 充分接近 b 时，有 $f(b) < 0$. 从而 $f(x)$ 在区间 $[a,b]$ 上的最大值 M，最小值 m 必在 (a,b) 内取得. 设 $f(\xi) = M > 0$，$f(\eta) = m < 0$，ξ，$\eta \in (a,b)$. 对 $f(x)$ 在区间 $[\xi, \eta]$（或将区间端点颠倒）上应用零点定理，至少存在 $\zeta \in (\xi, \eta) \subseteq (a,b)$，使得 $f(x) = 0$，即 $f(x)$ 在区间 (a,b) 内有一个零点.

3. 一元函数求导数或微分

（1）利用定义求导数.

例 13　设 $f'(x_0)$ 存在，求 $\lim\limits_{h \to 0} \dfrac{f(x_0 + ah) - f(x_0 - bh)}{h}$，$a$，$b$ 是非零常数.

解　$\lim\limits_{h \to 0} \dfrac{f(x_0 + ah) - f(x_0 - bh)}{h}$

$$= a \lim_{h \to 0} \frac{f(x_0 + ah) - f(x_0)}{ah} - b \lim_{h \to 0} \frac{f(x_0 - bh) - f(x_0)}{bh}$$

$$= af'(x_0) + bf'(x_0) = (a + b)f'(x_0).$$

（2）利用两个单侧导数求导（分段函数在分界点处求导）.

例 14　求 $f(x) = \begin{cases} x + \sin x^2, & x \leq 0, \\ \ln(1 + x), & x > 0 \end{cases}$ 的导数.

解　当 $x < 0$ 时，$f'(x) = 1 + 2x\cos x^2$.

当 $x > 0$ 时，$f'(x) = \dfrac{1}{1 + x}$.

当 $x = 0$ 时，$f'_+(0) = \lim\limits_{x \to 0^+} \dfrac{f(x) - f(0)}{x} = \lim\limits_{x \to 0^+} \dfrac{\ln(1 + x)}{x} = 1$,

$f'_-(0) = \lim\limits_{x \to 0^-} \dfrac{f(x) - f(0)}{x} = \lim\limits_{x \to 0^-} \dfrac{x + \sin x^2}{x} = 1 + \lim\limits_{x \to 0^-} \dfrac{\sin x^2}{x^2} \cdot x = 1$，所以 $f'(0) = 1$.

总之，$f'(x) = \begin{cases} \dfrac{1}{1 + x}, & x \geq 0, \\ 1 + 2x\cos x^2, & x < 0. \end{cases}$

（3）利用复合函数求导的链式法则（一阶微分形式的不变性）.

例 15　设 $g(x)$ 可微，$h(x) = e^{1 + g(x)}$，$h'(1) = 1$，$g'(1) = 2$，求 $g(1)$.

解　$h'(x) = e^{1 + g(x)} g'(x)$，将 $h'(1) = 1$，$g'(1) = 2$ 代入方程，得 $1 = 2e^{1 + g(1)}$，

于是 $e^{1 + g(1)} = \dfrac{1}{2}$，$1 + g(1) = -\ln 2$，$g(1) = -1 - \ln 2$.

（4）利用反函数求导.

例 16　设 $y = y(x)$ 在 $(-\infty, +\infty)$ 内具有二阶导数，且 $y'(x) \neq 0$，$x = x(y)$ 是 $y = y(x)$ 的反函数，试将 $x = x(y)$ 满足方程 $\dfrac{\mathrm{d}^2 x}{\mathrm{d} y^2} + (y + \sin x)\left(\dfrac{\mathrm{d} x}{\mathrm{d} y}\right)^3 = 0$ 改写为 $y = y(x)$ 满足的方程.

解
$$\frac{\mathrm{d} x}{\mathrm{d} y} = \frac{1}{\dfrac{\mathrm{d} y}{\mathrm{d} x}},$$

$$\frac{\mathrm{d}^2 x}{\mathrm{d} y^2} = \frac{\mathrm{d}}{\mathrm{d} y}\left(\frac{\mathrm{d} x}{\mathrm{d} y}\right) = \frac{\mathrm{d}}{\mathrm{d} y}\left(\frac{1}{\dfrac{\mathrm{d} y}{\mathrm{d} x}}\right) = \frac{\mathrm{d}}{\mathrm{d} x}\left(\frac{1}{\dfrac{\mathrm{d} y}{\mathrm{d} x}}\right) \cdot \frac{\mathrm{d} x}{\mathrm{d} y}$$

$$= \frac{\mathrm{d}}{\mathrm{d} x}\left(\frac{1}{\dfrac{\mathrm{d} y}{\mathrm{d} x}}\right) \cdot \frac{1}{\dfrac{\mathrm{d} y}{\mathrm{d} x}} = -\frac{\dfrac{\mathrm{d}^2 y}{\mathrm{d} x^2}}{\left(\dfrac{\mathrm{d} y}{\mathrm{d} x}\right)^2} \cdot \frac{1}{\dfrac{\mathrm{d} y}{\mathrm{d} x}} = -\frac{\dfrac{\mathrm{d}^2 y}{\mathrm{d} x^2}}{\left(\dfrac{\mathrm{d} y}{\mathrm{d} x}\right)^3}.$$

（5）隐函数求导.

例 17　$x^2 - y + 1 = \mathrm{e}^y$，求 $\dfrac{\mathrm{d}^2 y}{\mathrm{d} x^2}$.

解　方程两边同时对 x 求导，$2x - \dfrac{\mathrm{d} y}{\mathrm{d} x} = \mathrm{e}^y \dfrac{\mathrm{d} y}{\mathrm{d} x}$，得 $\dfrac{\mathrm{d} y}{\mathrm{d} x} = \dfrac{2x}{\mathrm{e}^y + 1}$.

$$\frac{\mathrm{d}^2 y}{\mathrm{d} x^2} = \frac{\mathrm{d}}{\mathrm{d} x}\left(\frac{\mathrm{d} y}{\mathrm{d} x}\right) = \frac{\mathrm{d}}{\mathrm{d} x}\left(\frac{2x}{\mathrm{e}^y + 1}\right) = \frac{2(\mathrm{e}^y + 1) - 2x\mathrm{e}^y \dfrac{\mathrm{d} y}{\mathrm{d} x}}{(\mathrm{e}^y + 1)^2},$$

代入 $\dfrac{\mathrm{d} y}{\mathrm{d} x} = \dfrac{2x}{\mathrm{e}^y + 1}$，即可.

（6）幂指函数求导.

幂指函数求导，要将幂指函数用对数恒等式表示成初等函数的形式，再求导.

例 18　$y = (1 + x^2)^{\arctan x}$.

（7）对数求导法.

等式两边先取对数，再求导.

例 19　$y = (1 + x^2)^{\arctan x}$.

（8）参数方程求导.

例 20　$\begin{cases} x = a\cos t, \\ y = b\sin t, \end{cases} t \in (0, \pi).$

例 21　设 $y = y(x)$ 由 $\begin{cases} x = \arctan t, \\ 2y - ty^2 + \mathrm{e}^t = 5 \end{cases}$ 确定，求 $\dfrac{\mathrm{d} y}{\mathrm{d} x}$.

（9）变上（下）限积分求导

例 22　设 $F(x) = \displaystyle\int_{-x}^{\sin x} \ln(1 + t^2)\,\mathrm{d} t$，求 $F'(x)$.

解 $F'(x) = \ln(1 + \sin^2 x)\cos x + \ln(1 + x^2)$.

4. 中值定理

(1) 费马定理.

(2) 罗尔中值定理.

(3) 拉格朗日中值定理.

证明不等式、证明函数问题.

例 23 求 $\lim\limits_{x \to +\infty}(\sin\sqrt{x+1} - \sin\sqrt{x})$.

解 令 $f(t) = \sin t$, 则 $f(t)$ 在 $[\sqrt{x}, \sqrt{x+1}]$ 上应用拉格朗日中值定理.

$$\sin\sqrt{x+1} - \sin\sqrt{x} = \cos\xi(\sqrt{x+1} - \sqrt{x}), \ \xi \in (\sqrt{x}, \sqrt{x+1}),$$

因为 $|\cos\xi| \leq 1$, $\lim\limits_{x \to +\infty}(\sqrt{x+1} - \sqrt{x}) = 0$, 所以 $\lim\limits_{x \to +\infty}(\sin\sqrt{x+1} - \sin\sqrt{x}) = 0$.

(4) 柯西中值定理.

5. 利用导数研究函数的性质

(1) 证明不等式.

例 24 证明不等式 $e^x > 1 + x$, $x \neq 0$.

(2) 求闭区间上函数的最小值与最大值.

例 25 求函数 $f(x) = |2x^3 - 9x^2 + 12x|$ 在 $\left[-\dfrac{1}{4}, \dfrac{5}{2}\right]$ 上的最大值与最小值.

(3) 求函数的拐点与凹凸区间.

6. 不定积分的计算

(1) 基本方法.

利用基本积分公式计算不定积分.

(2) 凑微分法——第一换元积分法.

例 26 $\displaystyle\int \sec x \, dx = \int \frac{\sec x(\sec x + \tan x)}{\sec x + \tan x} dx = \ln|\sec x + \tan x| + C$.

例 27 $\displaystyle\int \frac{1}{\sqrt{1 + x - x^2}} dx = \int \frac{dx}{\sqrt{\dfrac{5}{4} - \left(x - \dfrac{1}{2}\right)^2}} = \int \frac{dx}{\dfrac{\sqrt{5}}{2}\sqrt{1 - \dfrac{\left(x - \dfrac{1}{2}\right)^2}{\left(\dfrac{\sqrt{5}}{2}\right)^2}}} = \cdots$.

(3) 代换法——第二换元积分法.

三角代换、根式代换等.

例 28 $\displaystyle\int \sqrt{x^2 - a^2} \, dx$.

解 当 $x > a$ 时, 设 $x = a\sec t$.

当 $x < -a$ 时, 设 $x = -u$, 则 $u > a$, 从而转化为前述情况.

(4) 分部积分法.

例 29 $\displaystyle\int \frac{\ln\cos x}{\cos^2 x} dx$.

（5）降次法.

例30 $\int \sin^2 x \cos^2 x \mathrm{d}x.$

（6）有理分式函数积分.

例31 $\int \dfrac{2x^4 - x^3 + 4x^2 + 9x - 10}{x^5 + x^4 - 5x^3 - 2x^2 + 4x - 8}\mathrm{d}x.$

解 设 $Q(x) = x^5 + x^4 - 5x^3 - 2x^2 + 4x - 8$，$R(x) = \dfrac{2x^4 - x^3 + 4x^2 + 9x - 10}{Q(x)}.$

由于 $Q(x) = (x-2)(x+2)^2(x^2-x+1)$，所以 $R(x)$ 可部分分式分解为

$$R(x) = \frac{A_0}{x-2} + \frac{A_1}{x+2} + \frac{A_2}{(x+2)^2} + \frac{Bx+C}{x^2-x+1},$$

于是，得恒等式

$$2x^4 - x^3 + 4x^2 + 9x - 10$$
$$\equiv A_0(x+2)^2(x^2-x+1) + A_1(x-2)(x+2)(x^2-x+1) +$$
$$A_2(x-2)(x^2-x+1) + (Bx+C)(x-2)(x+2)^2.$$

比较恒等式两边 x 的同次项的系数，得线性方程组

$$\begin{cases} A_0 + A_1 + B = 2, \\ 3A_0 - A_1 + A_2 + 2B + C = -1, \\ A_0 - 3A_1 - 3A_2 - 4B + 2C = 4, \\ 4A_1 + 3A_2 - 8B - 4C = 9, \\ 4A_0 - 4A_1 - 2A_2 - 8C = -10. \end{cases}$$

解得系数，就可得到 $R(x)$ 的各个部分分式，从而将 $R(x)$ 的不定积分转化为求各个部分分式的不定积分（略）.

7. 定积分

（1）定积分的计算.

（2）定积分的证明.

例32 设 $f(x)$，$g(x)$ 都在 $[a,b]$ 上连续，且 $g(x)$ 在 $[a,b]$ 上不变号，则 $\exists \xi \in [a,b]$，使得

$$\int_a^b f(x)g(x)\mathrm{d}x = f(\xi)\int_a^b g(x)\mathrm{d}x.$$

证明 不妨设 $g(x) \geqslant 0$，$x \in [a,b]$.

设 $f(x)$ 在 $[a,b]$ 上的最大值为 M，最小值为 m，则

$$mg(x) \leqslant f(x)g(x) \leqslant Mg(x).$$

同时积分，有

$$m\int_a^b g(x)\mathrm{d}x \leqslant \int_a^b f(x)g(x)\mathrm{d}x \leqslant M\int_a^b g(x)\mathrm{d}x.$$

若 $\int_a^b g(x)\mathrm{d}x = 0$，由于 $g(x) \geqslant 0$，$x \in [a,b]$，所以 $g(x) \equiv 0$，$x \in [a,b]$，结论

成立.

若 $\int_a^b g(x)\,\mathrm{d}x > 0$，则 $m \leqslant \dfrac{\int_a^b f(x)g(x)\,\mathrm{d}x}{\int_a^b g(x)\,\mathrm{d}x} \leqslant M$，根据积分中值定理，

$\exists \xi \in [a,b]$，使得

$$f(\xi) = \frac{\int_a^b f(x)g(x)\,\mathrm{d}x}{\int_a^b g(x)\,\mathrm{d}x},$$

即

$$\int_a^b f(x)g(x)\,\mathrm{d}x = f(\xi)\int_a^b g(x)\,\mathrm{d}x.$$

（3）定积分的应用

1）求平面图形的面积

a. 直角坐标的情形

$$S = \int_a^b |f(x) - g(x)|\,\mathrm{d}x = \int_c^d |\phi(y) - \psi(y)|\,\mathrm{d}y.$$

b. 极坐标的情形

$$S = \frac{1}{2}\int_\alpha^\beta [\rho_1^2(\theta) - \rho_2^2(\theta)]\,\mathrm{d}\theta.$$

c. 参数方程的情形

$$S = \int_\alpha^\beta \psi(t)\phi'(t)\,\mathrm{d}t, \quad \begin{cases} x = \phi(t), \\ y = \psi(t), \end{cases} \alpha \leqslant t \leqslant \beta.$$

2）平面曲线的弧长

a. 直角坐标的情形

$$s = \int_a^b \sqrt{1 + f'^2(x)}\,\mathrm{d}x.$$

b. 极坐标的情形

$$s = \int_\alpha^\beta \sqrt{\rho^2(\theta) + \rho'^2(\theta)}\,\mathrm{d}\theta.$$

c. 参数方程的情形

$$s = \int_\alpha^\beta \sqrt{x'^2(t) + y'^2(t)}\,\mathrm{d}t.$$

（4）空间图形的体积

a. 截面面积函数已知的立体的体积

$$V = \int_a^b A(x)\,\mathrm{d}x.$$

b. 旋转体的体积

$$V = \pi\int_a^b f^2(x)\,\mathrm{d}x.$$

（5）旋转体的侧面积

a. 直角坐标的情形

$$S = 2\pi \int_a^b f(x) \sqrt{1 + f'^2(x)} \, dx.$$

b. 极坐标的情形

$$S = 2\pi \int_\alpha^\beta \rho(\theta) \sin\theta \sqrt{\rho^2(\theta) + \rho'^2(\theta)} \, d\theta.$$

c. 参数方程的情形

$$S = 2\pi \int_\alpha^\beta y(t) \sqrt{x'^2(t) + y'^2(t)} \, dt.$$

例 33 求曲线 $\rho = a\sin^3 \dfrac{\theta}{3}$，$0 \leqslant \theta \leqslant 2\pi$ 的弧长.

解

$$s = \int_0^{2\pi} \sqrt{a^2 \sin^6 \frac{\theta}{3} + a^2 \sin^4 \frac{\theta}{3} \cos^2 \frac{\theta}{3}} \, d\theta$$

$$= a \int_0^{2\pi} \sin^2 \frac{\theta}{3} d\theta = \frac{a}{2} \int_0^{2\pi} \left(1 - \cos \frac{2\theta}{3}\right) d\theta$$

$$= \frac{a}{2} \left[\theta - \frac{3}{2} \sin \frac{2\theta}{3}\right]_0^{2\pi} = \left(\pi + \frac{3\sqrt{3}}{8}\right) a.$$

（6）物理学问题

用元素法解决：

a. 变力做功问题.

b. 水压力问题.

c. 引力问题.

（7）反常积分的计算及其收敛性的判别.

（8）常微分方程

例 34 小船从河边点 O 处出发驶向对岸（两岸为平行线），设船速大小为 a，船行方向始终对准对岸（与岸垂直），又设河宽为 h，河中任一处的水流速度与该点到两岸距离的乘积成正比，（比例系数为 k），求小船的航行路线.

解 如图所示：

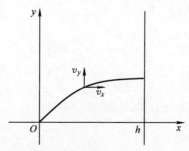

以与河岸垂直、船的速度方向为 x 轴的正向，沿河岸水流的方向为 y 轴的正向

建立坐标系. 选取时间 t 为参数, 有 $\dfrac{\mathrm{d}y}{\mathrm{d}t} = kx(h-x)$, $\dfrac{\mathrm{d}x}{\mathrm{d}t} = a$, 从而得方程

$$\frac{\mathrm{d}y}{\mathrm{d}x} = \frac{1}{a}kx(h-x).$$

分离变量, 得

$$\mathrm{d}y = \frac{k}{a}(hx - x^2).$$

两边积分, 得

$$y = \frac{k}{a}\left(\frac{1}{2}hx^2 - \frac{1}{3}x^3\right) + C.$$

将 $x=0$, $y=0$ 代入, 得 $C=0$, 于是, $y = \dfrac{k}{a}\left(\dfrac{1}{2}hx^2 - \dfrac{1}{3}x^3\right)$.

　a. 齐次方程

　b. 一阶线性微分方程

　c. 可降阶的高阶微分方程

　d. 二阶常系数线性微分方程

例 35　$y'' + a^2 y = \mathrm{e}^x$.

解　原方程对应的齐次方程为 $y'' + a^2 y = 0$, 它的特征方程为 $r^2 + a^2 = 0$, 特征根为 $r_{1,2} = \pm a\mathrm{i}$, 所以齐次方程的通解为 $y = C_1 \cos ax + C_2 \sin ax$.

由于 $\lambda = 1$ 不是特征方程的根, 可设原方程的一个特解为 $y^* = A\mathrm{e}^x$, 代入原方程, 得

$$A + a^2 A = 1,$$

解得 $A = \dfrac{1}{1 + a^2}$.

所以原方程的一个特解为　　$y^* = \dfrac{1}{1 + a^2}\mathrm{e}^x$.

原方程的通解为　　　　$y = C_1 \cos ax + C_2 \sin ax + \dfrac{1}{1 + a^2}\mathrm{e}^x$.

第七章 空间解析几何与向量代数

第一节 空间直角坐标系以及曲面、曲线的方程【学案】

【学习目标】

1. 通过阅读教材、回忆中学所学坐标系、曲线与方程的知识：

（1）空间直角坐标系、空间的点与三元数组之间的一一对应关系、两点间的距离公式.

（2）曲线的方程、方程的图形之间的关系.

（3）求轨迹（二维的）方程的步骤.

2. 掌握空间两点间的距离公式.

3. 掌握求空间曲面方程的步骤；熟悉球面、二次柱面（椭圆柱面、双曲柱面、抛物柱面）的方程、平面方程.

4. 能够根据所给条件，求空间曲线的一般方程或参数方程.

5. 会求空间曲线在平面上的投影的方程.

【重、难点】 空间两点间的距离公式，求曲面、曲线的方程. 曲线方程的两种形式之间的互化. 根据曲线方程画出图形.

【学习准备】

本章空间解析几何的内容，与高中所学空间直角坐标系、平面直角坐标系中曲线与方程的关系，求曲线方程等知识相继. 课前适当阅读、回顾、思考与解答，为课堂重点学习空间的部分打下基础.

问题 1 空间直角坐标系建立之后，空间内的点与三元数组之间有怎样的一一对应关系？

问题 2 位于各卦限内的点的坐标有什么特点？关于坐标轴、坐标平面、坐标原点对称的点的坐标有什么特点？

问题 3 关于坐标轴、坐标平面、坐标原点对称的点的坐标有什么特点？

问题 4 曲面的方程、方程的图形之间有怎样的对应关系？

问题 5 求曲面方程的步骤如何？

问题 6 球面方程有什么形式上的特点？

问题 7 母线平行于 z 轴的柱面的方程具有什么特点？

问题 8 求曲线在坐标平面上的投影曲线的方程的方法？

问题 9 曲线在平面上的投影的方程有什么特点？

【基本练习】

　　练习1　（1）一般规律：位于_____卦限的点的竖坐标是正的，位于_____卦限的点的竖坐标是负的；位于_____卦限的点的纵坐标是正的，位于_____卦限的点的纵坐标是负的；位于_____卦限的点的横坐标是正的，位于_____卦限的点的横坐标是负的.

　　（2）在空间直角坐标系中，关于原点对称的点的坐标_____；关于横轴对称的点的坐标_____；关于 xOy 面对称的点的坐标_____.

　　（3）两点 $A(a,b,c)$，$B(m,n,l)$ 两点之间的距离_____.

　　（4）球面 $(x-1)^2+(y+2)^2+z^2=4$ 的球心坐标_____，半径____.

　　（5）单位球面的方程为_____.

　　练习2　请说出下列柱面的准线方程和母线的方向，并画出其草图.

　　（1）$x^2+y^2=4$.

　　（2）$\dfrac{x^2}{9}+y^2=1$.

　　（3）$-\dfrac{x^2}{9}+\dfrac{y^2}{4}=1$.

　　（4）$y=2x^2+1$.

　　（5）$y=2x-1$.

　　练习3　求曲线 $\begin{cases}(x-1)^2+(y-1)^2+(z-1)^2=1,\\ z=\dfrac{1}{2}\end{cases}$ 在 xOy 面上投影的方程.

【方法与题型】

　　1. 运用两点之间距离公式

　　试证明：以三点 $A(4,1,9)$，$B(10,-1,6)$，$C(2,4,3)$ 为顶点的三角形是等腰三角形.

　　解　因为

$$|AB|=\sqrt{(4-10)^2+(1+1)^2+(9-6)^2}=7,$$

$$|BC|=\sqrt{(10-2)^2+(-1-4)^2+(6-3)^2}=7\sqrt{2},$$

$$|AC|=\sqrt{(4-2)^2+(1-4)^2+(9-3)^2}=7.$$

所以，$\triangle ABC$ 是以 A 为直角顶点的等腰直角三角形.

　　2. 求动点轨迹的方程

　　求满足到 y 轴的距离是到 z 轴距离的 4 倍的动点轨迹的方程.

　　解　设所求点的坐标为 (x,y,z)，则其满足的条件为 $\sqrt{x^2+z^2}=4\sqrt{x^2+y^2}$，整理，得 $z^2=15x^2+16y^2$.

3. 画出方程表示的曲线图形

略.

4. 求曲线在某坐标平面上投影曲线的方程

求曲线 $\begin{cases} x^2 + y^2 - z = 0 & (1) \\ z = x + 1 & (2) \end{cases}$，在 xOy 面上投影的方程.

解　将方程（2）代入（1），并与 xOy 面的方程 $z = 0$ 联立，得投影方程

为 $\begin{cases} x^2 + y^2 - x - 1 = 0, \\ z = 0. \end{cases}$

【学习拓展】

1. 球心在原点、半径为 r 球面的参数方程：$\begin{cases} x = r\cos\phi\cos\theta, \\ y = r\cos\phi\sin\theta, \\ z = r\sin\phi, \end{cases}$ $(0 \leqslant \theta \leqslant 2\pi,$

$-\dfrac{\pi}{2} \leqslant \phi \leqslant \dfrac{\pi}{2})$.

2. 将曲线 $\begin{cases} x^2 + y^2 + z^2 = 1, \\ x + y = 0 \end{cases}$ 的一般方程化为参数方程.

解　根据球面的参数方程，可以得到曲线的参数方程为

$$\begin{cases} x = \dfrac{\sqrt{2}}{2}\cos t, \\ y = -\dfrac{\sqrt{2}}{2}\cos t, \quad \left(-\dfrac{\pi}{2} \leqslant t \leqslant \dfrac{\pi}{2}\right) \\ z = \sin t, \end{cases}$$

或 $\begin{cases} x = t, \\ y = -t, \quad\quad (-1 \leqslant t \leqslant 1). \\ z = \pm\sqrt{1 - 2t^2}, \end{cases}$

3. 将曲线的参数方程 $\begin{cases} x = a\cos\omega t, \\ y = a\sin\omega t, \quad \left(0 \leqslant t \leqslant \dfrac{\pi}{\omega}\right) \\ z = vt, \end{cases}$ 化为一般方程.

解　由第一个方程与第二个方程消去参数，第一个方程与第三个方程消去参数 t，得其一般方程

$$\begin{cases} x^2 + y^2 = a^2, \\ z = \dfrac{v}{\omega}\arccos\dfrac{x}{a}. \end{cases}$$

【收获与认识】

第二节　向量及其线性运算【学案】

【学习目标】

1. 通过阅读教材、回忆中学所学函数的知识：

（1）向量，向量的表示方法，向量相等，零向量，单位向量，向量平行或共线.

（2）向量的加法运算的三角形法则和平行四边形法则，向量加法运算满足交换律及结合律，有限个向量加法的折线法则.

（3）数乘向量的意义，数乘向量的运算法则.

（4）向量的坐标表示，向量用坐标运算的方法.

（5）两个向量共线的充要条件：$a /\!/ b \Leftrightarrow a = \lambda b \ (\lambda \in \mathbf{R}, \ b \neq 0) \Leftrightarrow \dfrac{a_x}{b_x} = \dfrac{a_y}{b_y} = \dfrac{a_z}{b_z}$.

2. 能导出向量的定比分点坐标公式，中点坐标公式，并用公式解决问题.

3. 熟悉向量的坐标表达式，掌握利用坐标求向量的模、方向角、方向余弦的公式.

【重、难点】 向量的模、方向角、方向余弦.

【数学思考】

这一节是对中学所学向量的概念、向量的线性运算、向量的坐标表示等知识的整理与扩充，课前适当阅读、回顾、思考与解答，为课堂重点学习扩充的部分打下基础.

问题 1　两个向量相等是如何定义的？

问题 2　两个向量平行与共线是什么关系？

问题 3　向量的线性运算满足交换律、结合律及数乘对加法的分配律，你能用向量的坐标表示式证明吗？

问题 4　坐标平面内的点和向径之间有什么关系？

问题 5　等式 $\dfrac{a_x}{b_x} = \dfrac{a_y}{b_y} = \dfrac{a_z}{b_z}$ 中若有一项的分母为 0，该等式是什么意思？

问题 6　已知向量的坐标，如何求向量的模、方向角和方向余弦？

【归纳总结】

1. 向量相加的方法有：_____，有限个向量相加的方法有：_____.

2. 向量的线性运算满足的运算律

（1）加法交换律：_____.

（2）加法结合律：_____.

（3）数乘结合律：_____.

（4）数乘对向量加法的分配律：_____．

（5）数乘对数的加法的分配律：_____．

3. 用向量的线性运算证明两条线段平行或相等，只需证明_____

_____．

4. 由向量的坐标分解式，可以将向量的线性运算转化为其坐标的线性运算，两向量平行的条件转化为其坐标平行的条件.

5. 定比分点坐标公式：设 $A(x_1,y_1,z_1)$，$B(x_2,y_2,z_2)$ 是空间不同的两点，若直线 AB 上求点 M，使得

$$\overrightarrow{AM} = \lambda\,\overrightarrow{AB}(\lambda \in \mathbf{R}).$$

则点 M 的坐标

$$\begin{cases} x = (1-\lambda)x_1 + \lambda x_2, \\ y = (1-\lambda)y_1 + \lambda y_2, \\ z = (1-\lambda)z_1 + \lambda z_2. \end{cases}$$

注意：$\lambda, 1-\lambda$ 的搭配规律，如果 $\lambda \in [0,1]$，点 M 在线段上，$\overrightarrow{AM} = \lambda\,\overrightarrow{AB}$，则 $\overrightarrow{MB} = (1-\lambda)\overrightarrow{AB}$，而其坐标的搭配整合交叉，注意这种搭配规律，这是数学中常用的形式.

6. 已知向量的坐标表示式，可以求向量的方向余弦与方向角. 因为方向角的范围都在 $[0,\pi]$ 的范围内，所以可以用反余弦函数表示.

【方法与题型】

1. 求向量线性运算的结果

2. 用已知向量表示未知向量

3. 求向量的模、方向角、方向余弦

已知 M_1,M_2 两点，计算向量 $\overrightarrow{M_1M_2}$ 的模、方向角和方向余弦.

解　$\overrightarrow{M_1M_2} = \{-1, -\sqrt{2}, 1\}$，$|\overrightarrow{M_1M_2}| = \sqrt{1+2+1} = 2$ 或 $|\overrightarrow{M_1M_2}| = \sqrt{(4-3)^2 + 2 + (1-2)^2} = 2$. 其方向余弦分别为 $-\dfrac{1}{2}, -\dfrac{\sqrt{2}}{2}, \dfrac{1}{2}$，方向角分别为 $\dfrac{2\pi}{3}, \dfrac{3\pi}{4}, \dfrac{\pi}{3}$.

4. 已知一个点的坐标、向量的坐标，求另一点的坐标之类的计算题

5. 用向量方法证明几何命题

证明　梯形的中位线平行于底边且等于两底和的一半.

证明　如图 7-2-1 所示，已知梯形 $ABCD$，AD,BC 边的中点分别为 E,F，

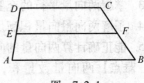

图　7-2-1

$$\overrightarrow{EF} = \overrightarrow{AF} - \overrightarrow{AE} = \overrightarrow{AB} + \frac{1}{2}\overrightarrow{BC} - \frac{1}{2}\overrightarrow{AD}$$

$$= \frac{1}{2}\overrightarrow{AB} + \frac{1}{2}(\overrightarrow{AB} + \overrightarrow{BC}) - \frac{1}{2}\overrightarrow{AD}$$

$$= \frac{1}{2}\overrightarrow{AB} + \frac{1}{2}(\overrightarrow{AC} - \overrightarrow{AD})$$

$$= \frac{1}{2}\overrightarrow{AB} + \frac{1}{2}\overrightarrow{DC} = \frac{1}{2}(\overrightarrow{AB} + \overrightarrow{DC}).$$

又 $\overrightarrow{AB}$，$\overrightarrow{DC}$ 同方向，所以，梯形 $ABCD$ 的中位线 EF 平行于两底，且等于两底和的一半.

6. 根据向量坐标，证明向量共线

7. 根据特殊的方向角，判断向量的特殊位置关系

设向量的方向余弦分别满足：（1）$\cos\alpha = 0$；（2）$\cos\beta = 1$；（3）$\cos\alpha = \cos\beta = 0$. 问这些向量与坐标轴或坐标平面的关系如何？

若 $\cos\alpha = 0$，又 $\alpha \in [0, \pi]$，所以 $\alpha = \frac{\pi}{2}$，即向量与 x 轴垂直，或说向量与 yOz 面平行. 其余题目同理处理.

【收获与认识】

第三节 向量的数量积与向量积【学案】

【学习目标】

1. 通过阅读教材、回忆中学所学向量的知识.

（1）两向量数量积的概念、物理学意义.

（2）两个向量数量积满足的运算律.

（3）数量积的坐标计算公式.

（4）两向量垂直的充要条件.

2. 掌握两向量向量积的概念，了解其物理学、几何学意义.

3. 掌握两向量平行的充要条件.

4. 了解两向量向量积满足的运算律.

5. 能正确计算两向量的向量积.

【重、难点】两向量数量积，向量积的概念、运算即两向量平行与垂直的充要条件.

【学习准备】

这一节先是对中学所学向量的数量积运算的知识的整理与扩充，课前适当阅读、回顾、思考与解答，为课堂重点学习扩充的部分和后续类比学习向量积打下

基础.

【数学思考】

问题1 哪个数学公式（定理）中有两向量的数量积 $a \cdot b = |a||b|\cos\theta$ 这一项？

问题2 如何由那个公式（定理）导出数量积的坐标计算公式？

问题3 两个向量垂直的充要条件是什么？

问题4 两个向量的向量积的物理意义与几何意义是什么？

问题5 两个向量平行的充要条件是什么？和前述我们的结论是否一致？

问题6 两个向量的向量积的方向如何确定？

问题7 为什么两个向量的向量积运算满足反交换律？

问题8 两个向量的向量积的坐标计算公式有怎样的记忆规律？

【归纳总结】

1. 两个向量 a,b 的数量积（内积）：＿＿＿＿＿＿＿，坐标计算公式：＿＿＿＿＿＿＿＿＿＿＿＿.

2. 两个向量垂直的充要条件：＿＿＿＿＿＿＿＿＿.

3. 数量积运算满足的运算律

（1）交换律：＿＿＿＿＿＿＿＿＿＿＿.

（2）对加法的分配律：＿＿＿＿＿＿＿＿＿＿＿.

（3）与数乘的结合律：＿＿＿＿＿＿＿＿＿＿＿.

4. 两个向量 a,b 的向量积：＿＿＿＿＿＿＿，坐标计算公式：＿＿＿＿＿＿＿＿＿＿＿＿.

5. 两个向量平行的充要条件：＿＿＿＿＿＿＿＿＿.

6. 向量积运算满足的运算律

（1）反交换律：＿＿＿＿＿＿＿＿＿＿＿.

（2）对加法的分配律：＿＿＿＿＿＿＿＿＿＿＿.

（3）与数乘的结合律：＿＿＿＿＿＿＿＿＿＿＿.

【方法与题型】

1. 已知向量的坐标，求向量的线性组合的数量积、向量积的有关计算

（1）已知 $a = \{3,2,-1\}$，$b = \{1,-1,2\}$.

解 $2a \times 7b = \left\{\begin{vmatrix} 4 & -2 \\ -7 & 14 \end{vmatrix}, \begin{vmatrix} -2 & 6 \\ 14 & 7 \end{vmatrix}, \begin{vmatrix} 6 & 4 \\ 7 & -7 \end{vmatrix}\right\} = 14(3,-7,-5).$

$a \times i = \left\{\begin{vmatrix} 2 & -1 \\ 0 & 0 \end{vmatrix}, \begin{vmatrix} -1 & 3 \\ 0 & 1 \end{vmatrix}, \begin{vmatrix} 3 & 2 \\ 1 & 0 \end{vmatrix}\right\} = (0,-1,-2).$

（2）设 $a = (2,-3,1)$，$b = (1,-1,3)$，$c = (1,-2,0)$.

解 ① $(a \cdot b)c - (a \cdot c)b = 8(c-b) = (0,-8,-24).$

② $(a+b) \times (b+c) = (0,-1,-1).$

③ $(a \times b) \cdot c = (-8, -5, 1) \cdot (1, -2, 0) = -8 + 10 = 2.$

④ $(a \times b) \times c = (-8, -5, 1) \times (1, -2, 0) = (2, 1, 21).$

2. 利用向量平行与垂直的充要条件进行的有关计算

已知 $A(1, -1, 2)$，$B(5, -6, 2)$，$C(1, 3, -1)$，求：

① 同时与向量 $\overrightarrow{AB}$，$\overrightarrow{AC}$ 垂直的单位向量.

② $\triangle ABC$ 的面积.

③ 从定点 B 到边 BC 的高的长度.

解 ① $n = \overrightarrow{AB} \times \overrightarrow{AC} = (15, 12, 16)$，$\pm n^0 = \pm \left(\dfrac{3}{5}, \dfrac{12}{25}, \dfrac{16}{25} \right).$

② $S_{\triangle ABC} = \dfrac{1}{2} | \overrightarrow{AB} \times \overrightarrow{AC} | = \dfrac{25}{2}.$

③ $h = \dfrac{S_{\triangle ABC}}{\dfrac{1}{2} | \overrightarrow{AC} |} = \dfrac{\dfrac{25}{2}}{\dfrac{1}{2} \times 5} = 5.$

3. 有关向量运算等式的证明题

设向量 a，b，c 满足 $a + b + c = 0$，证明：$a \times b = b \times c = c \times a.$

几何意义：如果三个向量都是不为零向量，则三个向量构成一个三角形，这三个向量积大小等于这个三角形面积的两倍，方向与此三角形平面垂直，且同向. 所以这三个向量积所表示的向量相等.

证明：因为 $a + b + c = 0$，所以 $-a - b = c$. 于是 $b \times c = b \times (-a - b) = -b \times a = a \times b.$

$c \times a = (-a - b) \times a = -b \times a = a \times b.$ 所以，$a \times b = b \times c = c \times a.$

【学习拓展】

1. 二阶行列式的计算：$\begin{vmatrix} a & b \\ c & d \end{vmatrix} = ad - bc$

2. 交换行列式两行（列），行列式变号

3. 三阶行列式按行（列）展开

$$\begin{vmatrix} a_{11} & a_{12} & a_{13} \\ a_{21} & a_{22} & a_{23} \\ a_{31} & a_{32} & a_{33} \end{vmatrix} = a_{11} \begin{vmatrix} a_{22} & a_{23} \\ a_{32} & a_{33} \end{vmatrix} + a_{12} \begin{vmatrix} a_{23} & a_{21} \\ a_{33} & a_{31} \end{vmatrix} + a_{13} \begin{vmatrix} a_{21} & a_{22} \\ a_{31} & a_{32} \end{vmatrix}.$$

【收获与认识】

第四节 平面及其方程【学案】

【学习目标】

1. 掌握平面的点法式方程及其求法.
2. 会根据不共线三点坐标求平面的方程.
3. 掌握平面方程的一般式、截距式及其特性.
3. 会求两平面的夹角及点到平面的距离.
4. 掌握两平面平行与垂直的充要条件.

【重、难点】平面的点法式方程、一般式方程.

【学习准备】

课前回顾高中所学知识：1. 确定平面的条件.（1）不共线的三点确定一个平面.（2）两条平行直线确定一个平面.（3）两条相交直线确定一个平面.（4）过一点与一条直线垂直的平面有且只有一个.

2. 直线的方程形式：点斜式、斜截式、两点式、一般式、截距式.
3. 求轨迹方程的步骤.

【数学思考】

问题 1 确定平面的条件中哪个最简单且与学过的坐标、向量的运算直接吻合？

问题 2 你能用平面的点法式方程推导出平面的三点式方程、截距式方程、一般式方程吗？

问题 3 从平面的一般式方程，你能读出哪些信息？

问题 4 如果平面过原点，其一般式方程是怎样的？

问题 5 如果平面平行于坐标平面，其方程形式是怎样的？

问题 6 如果平面平行于坐标轴，其一般式方程是怎样的？

问题 7 如果平面经过坐标轴，其一般式方程是怎样的？

问题 8 两个平面的夹角通过什么来体现？

问题 9 两个平面平行与垂直的充要条件是如何通过其法向量（方程）来体现的？

问题 10 平面方程的一般式与截距式与直线方程的两种形式之间有什么相似之处？

问题 11 点到平面的距离公式与点到直线的距离公式有什么相似之处？

【归纳总结】

1. 平面的点法式方程为_____，平面的法向量为_____，平面经过的点为_____.

2. 平面的三点式方程为_____.

3. 平面的截距式方程为_____.

4. 平面的一般式方程为_____. 其法向量为_____
____.

5. 如果平面过原点，则平面的一般式方程为_____.

如果平面与坐标平面平行，则平面的一般式方程为_____
_____.

如果平面与坐标轴平行，则平面的一般式方程为_____
_____.

三个坐标平面的一般式方程分别为_____
_____.

过三个坐标轴的平面的一般方程为_____
_____.

这些结论和平面直角坐标系中特殊位置的直线方程有相似之处吗？

6. 两平面的夹角的计算公式为_____
_____.

两平面平行与垂直的充要条件为_____
_____.

7. 点到平面的距离公式为_____.

【方法与题型】

1. 求平面的方程

（1）过两点 $(1,1,1)$，$(0,1,-1)$，且与平面 $x+y+z=0$ 垂直的平面的方程.

解 因为所求平面与平面 $x+y+z=0$ 垂直，所以此平面的法向量 $(1,1,1)$ 平行于所求平面，从而所求平面的法向量为 $\boldsymbol{n}=(1,0,2)\times(1,1,1)=(2,-1,-1)$，平面的点法式方程为 $2x-(y-1)-(z+1)=0$，即 $2x-y-z=0$.

（2）求与已知平面 $20x-4y-5z+7=0$ 平行且平行距离为 6 的平面方程.

解 设所求平面的方程为 $20x-4y-5z+D=0$，取平面 $20x-4y-5z+7=0$ 上一点 $(0,-2,3)$，此点到所求平面的距离为 6，于是得 $\dfrac{|8-15+D|}{\sqrt{400+16+25}}=6$ 即 $|D-7|=126$，所以 $D_1=133$，$D_2=-119$，所求的平面方程为 $20x-4y-5z+133=0$ 或 $20x-4y-5z-119=0$.（位于平面两侧，一侧一个.）

（3）求平面 $x-2y+2z+21=0$ 与 $7x+24z-5=0$ 的角的平分面的方程.

解 设两平面的角的平分面上任一点 $P(x,y,z)$，则 P 到两平面的距离相等，于是

$$\frac{|x-2y+2z+21|}{\sqrt{1+4+4}}=\frac{|7x+24z-5|}{\sqrt{49+576}},$$

即

$$\frac{|x-2y+2z+21|}{3}=\frac{|7x+24z-5|}{25},$$

这样就得到了两个角的平分面的方程为 $2x - 25y - 11z + 270 = 0$ 或 $23x - 25y + 61z + 255 = 0$.

（4）求经过点 $(3,0,0)$，$(0,0,1)$，且与 xOy 面的夹角为 $\dfrac{\pi}{3}$ 的平面的方程.

解 所求的截距式方程为 $\dfrac{x}{3} + \dfrac{y}{b} + z = 1$，则其法向量为 $\boldsymbol{n} = \left(\dfrac{1}{3}, \dfrac{1}{b}, 1\right)$，又 $\cos$

$\dfrac{\pi}{3} = \dfrac{1}{2} = \dfrac{1}{\sqrt{\dfrac{1}{9} + \dfrac{1}{b^2} + 1}}$，解得 $\dfrac{1}{b} = \pm\dfrac{\sqrt{26}}{3}$，所以所求平面方程为 $\dfrac{x}{3} \pm \dfrac{\sqrt{26}y}{3} + z = 1$.

2. 指出下列平面的特殊位置，并画出它们的图形

（1）$x = 0$；过 y，z 轴，过原点，从而是 yOz 平面. 请同学画出平面的图形.

（2）$x + y + z = 0$；过坐标原点.

（3）$2x - 3y - 6 = 0$；平行于 z 轴.

（4）$3y - 4z = 0$；过 x 轴.

（5）$3y - 1 = 0$；平行于 xOz 面.

（6）$y + z = 1$；平行于 x 轴.

【收获与认识】

第五节 空间直线及其方程【学案】

【学习目标】

  1. 掌握直线方程的一般式、点向式、参数式方程及其求法，能将这三种形式的方程进行互化.

  2. 会求线与线、线与面的夹角.

  3. 掌握线线垂直与平行的充要条件；线面垂直、平行的充要条件.

  4. 会求点到直线的距离.

【重、难点】 直线的一般式方程、点向式方程.

【学习准备】

  课前回顾高中所学确定直线的条件：

  1. 两个平面相交有且只有一条交线；

  2. 过直线外一点与已知直线平行的直线有且只有一条.

【数学思考】

  问题1 两个平面相交有且只有一条交线，如何用两个平面的方程表示其交线的方程？

问题 2 如何由直线的一般式方程 $\begin{cases} A_1x + B_1y + C_1z + D_1 = 0, \\ A_2x + B_2y + C_2z + D_2 = 0, \end{cases} \left(\dfrac{A_1}{A_2} \neq \dfrac{B_1}{B_2} \neq \dfrac{C_1}{C_2} \right),$

（两个不等式至少有一个成立）求出直线的方向向量？

问题 3 如何由直线的一般式方程 $\begin{cases} A_1x + B_1y + C_1z + D_1 = 0, \\ A_2x + B_2y + C_2z + D_2 = 0, \end{cases} \left(\dfrac{A_1}{A_2} \neq \dfrac{B_1}{B_2} \neq \dfrac{C_1}{C_2} \right),$

（两个不等式至少有一个成立）求两直线的交点？

问题 4 如果直线的点向式方程中的方向向量有两个坐标为 0，这样的直线有什么特点？

问题 5 如果直线的点向式方程中的方向向量有一个坐标为 0，这样的直线有什么特点？

问题 6 如何由直线的参数式方程化为点向式方程？

问题 7 直线的点向式方程如何化为一般式方程？一般式方程如何化为点向式方程？

问题 8 两条直线平行与垂直的充要条件是什么？

问题 9 直线和平面平行与垂直的充要条件是什么？

问题 10 如何求直线与平面的交点坐标？

问题 11 如果过直线的所有平面都包括，那么过该直线的平面束的方程如何？

【归纳总结】

1. 直线的一般式方程为 ＿＿＿＿＿＿＿＿＿＿ ，其方向向量为 ＿＿＿＿＿＿ ＿＿＿＿ ．

2. 直线的点向式方程为 ＿＿＿＿＿＿＿＿＿ ，其方向向量为 ＿＿＿＿ ＿＿＿ ．经过的点为 ＿＿＿＿＿ ．

3. 由直线的点向式方程可以求出直线的一般式方程为 ＿＿＿＿＿＿＿ ＿ ，这是用与坐标轴平行的两个平面来表示的．

4. 由直线的一般式方程，可得直线的一个方向向量为 ＿＿＿＿＿＿＿ ＿＿＿ ．

5. 直线的参数式方程为 ＿＿＿＿＿＿＿＿＿＿＿ ．

6. 求两直线夹角的公式为 ＿＿＿＿＿＿＿＿＿＿ ．

7. 两直线平行与垂直的充要条件分别为 ＿＿＿＿＿＿＿＿＿＿ ＿＿＿ ．

8. 直线与平面夹角的公式为 ＿＿＿＿＿＿＿＿＿＿＿ ．

9. 直线和平面平行与垂直的充要条件分别为 ＿＿＿＿＿＿＿＿ ＿＿＿ ．

10. 求直线与平面的交点有两种方法：一是：＿＿＿＿＿＿＿＿＿ ， ＿＿＿＿＿ ；二是：＿＿＿＿＿＿＿＿＿＿＿＿＿ ＿＿＿＿＿＿＿＿＿ ．

【**方法与题型**】请同学补充各类题目.

1. 求直线的方程.

2. 求直线与直线、直线与平面的夹角.

3. 确定直线与直线、直线与平面的平行与垂直的关系.

4. 确定直线含于平面.

（1）已知点向式直线方程，可以考虑其方向是否与平面的法向量垂直，点是否位于平面内.

（2）已知一般式的直线方程，还可以用平面束的方法，只要找到适当的参数即可.

【**收获与认识**】

第六节　旋转曲面与二次曲面【学案】

【**学习目标**】

1. 理解旋转曲面的概念以及坐标平面内的直线绕坐标轴旋转所成旋转曲面方程的推导过程.

2. 掌握旋转曲面方程的推导方法. 熟悉圆锥面、旋转抛物面、旋转椭球面、单叶（双叶）旋转双曲面的方程，能够画出其草图.

3. 熟悉椭圆锥面、椭球面、单叶（双叶）双曲面、椭圆（双曲）抛物面的方程，能够画出其草图.

4. 用平行于坐标平面的平面截各种二次曲面时，能够知道截线的形状.

【**重、难点**】旋转曲面的方程；画出二次曲面的图形.

【**学习准备**】

复习前述所学椭圆柱面、双曲柱面、抛物柱面、平面的方程与图形.

【**数学思考**】

问题1　点动成线，曲线上的一个点对旋转曲面有何贡献？或说曲线上的一个点在旋转过程中形成旋转曲面上的什么组成部分？

问题2　已知坐标平面内一条曲线的方程，如何求其绕坐标轴旋转后形成的旋转曲面的方程？

问题3　认识（想象）二次曲面的形状，并说明数学上主要是采用什么方法。

问题4　二次曲面共有9类，你能写出它们的方程，画出其草图吗？

【**归纳总结**】

1. xOy 面内的曲线 $f(x,y)=0$ 绕 y 轴旋转一周所形成的旋转曲面的方程为

_____；若绕 x 轴旋转一周所形成的旋转曲面的方程为_____.

2. 二次曲面共有九类：

	方程	图形
椭圆柱面		
双曲柱面		
抛物柱面		
椭圆锥面		
椭球面		
单叶双曲面		
双叶双曲面		
椭圆抛物面		
双曲抛物面（马鞍面）		

【方法与题型】

1. 求旋转曲面的方程
2. 说明方程所表示的曲面、曲线
3. 画出方程所表示的曲面、曲线

【收获与认识】

第八章 多元函数的微分学及其应用

第一节 多元函数的基本概念【学案】

【学习目标】

1. 了解平面点集的有关概念.

2. 了解二元函数的概念，能在坐标平面内正确表示出二元函数的定义域.

3. 了解二元函数连续的概念，会求简单的二元函数的极限（或判断其不存在）.

4. 了解二元函数的连续性.

5. 了解有界闭域上二元连续函数的性质.

【重、难点】 二元函数的极限（求二元函数的极限）；判断二元函数在某点处的极限不存在.

【学习准备】

复习一元函数微分学的数集、函数、一元函数极限的求法、连续、闭区间上连续函数的性质，为采用类比法学习二元函数的极限与连续性打下基础.

教学内容较多，课前适当阅读、回顾、思考与解答，为课堂学习打下基础.

【数学思考】

问题 1 函数的极限是在某点处的，所以需要定义某点的邻域（空心邻域）的概念，如何定义点 P_0 的邻域和空心邻域？

问题 2 点集的孤立的点是点集的内点，还是外点？

问题 3 二元函数极限的定义中为什么要求点 P_0 是定义域 D 的内点或边界点？

问题 4 如果 $\lim\limits_{x \to x_0, y \to y_0} f(x,y) = A$，那么 $\lim\limits_{(x,y) \to (x_0, y_0)} f(x,y) = A$；如果 $\lim\limits_{(x,y) \to (x_0, y_0)} f(x,y) = A$，那么 $\lim\limits_{x \to x_0, y \to y_0} f(x,y) = A$？

问题 5 类比一元函数的连续性，二元函数在某点处连续应如何定义？

问题 6 二元初等函数与一元初等函数相似，其连续性也相似吗？

【归纳总结】

1. 点 P_0 的 δ 邻域：$U(P_0, \delta) = $ _____;

   点 P_0 的去心 δ 邻域：$\mathring{U}(P_0, \delta) = $ _____.

2. 平面点集 E 的点可以分为三类： _____.

3. 开集 $\xrightarrow{\text{连通性}}$ ＿＿＿＿＿＿＿＿∪边界点集→＿＿＿＿＿＿＿.

4. 空间点集＿＿＿＿＿＿＿＿＿＿＿＿＿＿＿＿称为二元函数的图形.

5. 一切初等函数在其＿＿＿＿＿＿＿＿＿都是连续的.

6. 在有界闭域 D 上连续的二元函数，必定在 D 上有界，并且能取得它的＿＿＿

＿＿＿＿＿＿＿＿.

7. 在有界闭域 D 上连续的二元函数，必定取得介于＿＿＿＿＿＿＿＿ 与＿＿＿＿＿＿

之间的任何值.

【方法与题型】请同学自己举出例子并画出其图形.

1. 判断给定的数集是开集、闭集、区域、有界集、无界集

2. 求二元函数的定义域并表示出其图形

3. 求二元函数的表达式

设 $f(x+y, x-y) = x^2 - xy$，试求 $f(x,y)$.

解 设 $u = x+y$，$v = x-y$，则 $x = \dfrac{u+v}{2}$，$y = \dfrac{u-v}{2}$，将其代入已知条件，得

$$f(u,v) = \left(\frac{u+v}{2}\right)^2 - \frac{u+v}{2} \cdot \frac{u-v}{2} = \frac{uv + v^2}{2},$$

所以，$f(x,y) = \dfrac{xy + y^2}{2}$.

这是通用的、简单的方法.

4. 求二元函数的极限

二元函数求极限，四则运算法则、两个重要极限、等价无穷小、变量代换、分母有理化、连续性、夹逼准则、变量代换等方法都可以应用.

（1）$\lim\limits_{(x,y)\to(0,0)} (x+y)\sin\dfrac{1}{xy}$（有界量与无穷小的乘积是无穷小）.

解 因为 $\lim\limits_{(x,y)\to(0,0)} (x+y) = 0$，$|\sin\dfrac{1}{xy}| \leqslant 1$，所以 $\lim\limits_{(x,y)\to(0,0)} (x+y)\sin\dfrac{1}{xy} = 0$.

（2）$\lim\limits_{(x,y)\to(0,0)} \dfrac{\sin xy}{y}$（等价无穷小，重要极限）.

解 $\lim\limits_{(x,y)\to(0,0)} \dfrac{\sin xy}{y} = \lim\limits_{(x,y)\to(0,0)} \dfrac{xy}{y} = 0$. $\lim\limits_{(x,y)\to(0,0)} \dfrac{\sin xy}{y} = \lim\limits_{(x,y)\to(0,0)} x\dfrac{\sin xy}{xy} = 0$.

（3）$\lim\limits_{(x,y)\to(0,0)} \dfrac{2 - \sqrt{xy+4}}{xy}$（分子有理化，连续函数的极限）.

解 $\lim\limits_{(x,y)\to(0,0)} \dfrac{2 - \sqrt{xy+4}}{xy}$

$$= \lim\limits_{(x,y)\to(0,0)} \frac{(2 - \sqrt{xy+4})(2 + \sqrt{xy+4})}{xy(2 + \sqrt{xy+4})}$$

$$= \lim_{(x,y)\to(0,0)} \frac{-xy}{xy\left(2+\sqrt{xy+4}\right)} = -\frac{1}{4}.$$

（4） $\lim\limits_{(x,y)\to(0,0)} \dfrac{\sin(x^3+y^3)}{x^2+y^2}.$

解 $\lim\limits_{(x,y)\to(0,0)} \dfrac{\sin(x^3+y^3)}{x^2+y^2} = \lim\limits_{(x,y)\to(0,0)} \dfrac{\sin(x^3+y^3)}{x^3+y^3} \cdot \left(x\cdot\dfrac{x^2}{x^2+y^2} + y\cdot\dfrac{y^2}{x^2+y^2} \right) = 0.$

5. 判断函数的连续性（证明函数的极限不存在）

试问下列函数在全平面内是否连续.

$$f(x,y) = \begin{cases} \dfrac{x^2-y^2}{x^2+y^2}, & (x,y)\neq(0,0), \\ 0, & (x,y)=(0,0). \end{cases}$$

解 $(x,y)\neq(0,0)$ 时，函数 $f(x,y) = \dfrac{x^2-y^2}{x^2+y^2}$ 是初等函数，连续.

$(x,y)=(0,0)$ 时，当点 $P(x,y)$ 沿着直线 $y=kx$ 趋于点 $O(0,0)$ 时，有

$$\lim_{(x,y)\to(0,0)} \frac{(1-k^2)x^2}{(1+k^2)x^2} = \frac{1-k^2}{1+k^2}.$$

它是随着 k 的取值不同而发生变化，所以 $\lim\limits_{(x,y)\to(0,0)} f(x,y)$ 不存在，从而函数在点 $(0,0)$ 不连续.

【收获与认识】

第二节 偏导数【学案】

【学习目标】

1. 理解偏导数的概念，几何意义.
2. 了解高阶偏导数的概念，能够正确计算函数的高阶偏导数.
3. 了解函数的连续性与存在偏导数的关系.
4. 了解二元函数的混合偏导数在连续的条件下相等的关系.

【重、难点】 偏导数的概念，求函数的偏导数. 偏导数的几何意义.

【学习准备】

复习上册所学导数的概念和几何意义，求导公式，高阶导数的概念.

【数学思考】

问题1 一个变量受多个变量的影响，我们在考察这个变量的变化规律时，采取什么办法？我们会求一元函数的导数，对于多元函数求导，怎么办？

问题2 二元函数的偏导数实质上是一元函数的导数，你是如何理解的?

问题3 偏导数$f_y(x_0,y_0)$从几何角度如何解释?

问题4 函数在某点存在两个偏导数与函数在该点连续有什么关系?

【归纳总结】

1. $f_x(x_0,0) = \lim$ _____ .

   $f_y(x_0,0) = \lim$ _____ .

2. $f_x(x_0,y_0)$的几何意义是:_____

_____ .

   $f_y(x_0,y_0)$的几何意义是:_____

_____ .

3. 函数_____ 在(0,0)点处不连续，但函数在(0,0)存在两个偏导数;

   函数_____ 在(0,0)点处连续，但函数在(0,0)点的两个偏导数都不存在.

4. 混合偏导数在连续的条件下与求导的次序是_____的.

【方法与题型】 请同学自己举出例子并画出其图形.

1. 求函数的各阶偏导数（包括某点）

$z = \arcsin xy$.

$$z'_x = \frac{y}{\sqrt{1-x^2y^2}}, \qquad z'_y = \frac{x}{\sqrt{1-x^2y^2}} .$$

$$z_{xx} = \frac{xy^3}{\sqrt{(1-x^2y^2)^3}}, \qquad z_{xy} = \frac{1}{\sqrt{(1-x^2y^2)^3}}, \qquad z_{yy} = \frac{x^3y}{\sqrt{(1-x^2y^2)^3}} .$$

2. 证明偏导数等式

设 $z = \ln(e^x + e^y)$，求证 $\dfrac{\partial^2 z}{\partial x^2} \cdot \dfrac{\partial^2 z}{\partial y^2} = \left(\dfrac{\partial^2 z}{\partial x \partial y}\right)^2$.

证明

$$\frac{\partial z}{\partial x} = \frac{e^x}{e^x + e^y}, \qquad \frac{\partial z}{\partial y} = \frac{e^y}{e^x + e^y}.$$

$$\frac{\partial^2 z}{\partial x^2} = \frac{e^{x+y}}{(e^x+e^y)^2}, \qquad \frac{\partial^2 z}{\partial x \partial y} = -\frac{e^{x+y}}{(e^x+e^y)^2}, \qquad \frac{\partial^2 z}{\partial y^2} = \frac{e^{x+y}}{(e^x+e^y)^2}.$$

所以，$\dfrac{\partial^2 z}{\partial x^2} \cdot \dfrac{\partial^2 z}{\partial y^2} = \dfrac{e^{2(x+y)}}{(e^x+e^y)^4} = \left(\dfrac{\partial^2 z}{\partial x \partial y}\right)^2$.

3. 应用定义求函数在某点的偏导数

（1）讨论连续性与偏导数存在的问题.

练习 ① 讨论函数 $z = \sqrt{x^2 + y^2}$ 在(0,0)点的两个偏导数与连续性.

② 讨论函数 $f(x,y) = \begin{cases} \dfrac{xy}{x^2+y^2}, & (x,y) \neq (0,0), \\ 0, & (x,y) = (0,0) \end{cases}$ 在 $(0,0)$ 点的两个偏导数与连续性.

问题 5 函数在某点处的连续性与偏导数之间有什么关系?

设 $f(x,y) = \begin{cases} y \cdot \sin \dfrac{1}{x^2+y^2}, & (x,y) \neq (0,0), \\ 0, & (x,y) = (0,0). \end{cases}$ 讨论函数在原点的连续性与偏导数.

解 由于 $\lim\limits_{(x,y)\to(0,0)} y\sin\dfrac{1}{x^2+y^2} = 0 = f(0,0)$,所以函数在原点连续.

又,$\lim\limits_{x\to 0}\dfrac{f(x,0)-f(0,0)}{x} = \lim\limits_{x\to 0}\dfrac{0}{x} = 0$,$\lim\limits_{y\to 0}\dfrac{f(0,y)-f(0,0)}{y} = \lim\limits_{y\to 0}\dfrac{y\sin\dfrac{1}{y^2}}{y}$ 不存在,所以函数在原点处存在对 x 的偏导数为 0,对 y 的偏导数不存在.

(2) 设 $f(x,y) = \begin{cases} \dfrac{x^3 y}{x^2+y^2}, & (x,y) \neq (0,0), \\ 0, & (x,y) = (0,0), \end{cases}$ 求 $f_x(x,y)$,$f_y(x,y)$.

解 $(x,y) \neq (0,0)$ 时,$f_x(x,y) = \dfrac{x^4 y + 3x^2 y^3}{(x^2+y^2)^2}$,$f_y(x,y) = \dfrac{x^5 - x^3 y^2}{(x^2+y^2)^2}$.

$$f_x(0,0) = \lim\limits_{x\to 0}\dfrac{f(x,0)-f(0,0)}{x} = \lim\limits_{x\to 0}0 = 0,$$

$$f_y(0,0) = \lim\limits_{y\to 0}\dfrac{f(0,y)-f(0,0)}{y} = \lim\limits_{y\to 0}0 = 0.$$

所以,$f_x(x,y) = \begin{cases} \dfrac{x^4 y + 3x^2 y^3}{(x^2+y^2)^2}, & (x,y) \neq (0,0), \\ 0, & (x,y) = (0,0). \end{cases}$

$f_y(x,y) = \begin{cases} \dfrac{x^5 - x^3 y^2}{(x^2+y^2)^2}, & (x,y) \neq (0,0), \\ 0, & (x,y) = (0,0). \end{cases}$

4. 关于偏导数几何意义的问题

曲线 $\begin{cases} z = \dfrac{x^2+y^2}{4}, \\ y = 4 \end{cases}$ 在点 $(2,4,5)$ 处的切线对于 x 轴的倾斜角是多少?

解 将 $y = 4$ 代入,得 $z = \dfrac{1}{4}x^2 + 4$,求导数得 $z_x \mid_{x=1} = \dfrac{1}{2}x \mid_{x=2} = 1$,所以点 $(2,4,5)$ 处的切线与 x 轴的正向所成的倾斜角为 $\dfrac{\pi}{4}$.

【收获与认识】

第三节　全微分【学案】

【学习目标】

1. 了解多元函数全增量的概念.
2. 掌握多元函数全微分的概念，会求多元函数的全微分.
3. 掌握多元函数全微分存在的一个充分条件、两个必要条件.
4. 能够应用多元函数的全微分进行简单的近似计算.

【重、难点】二元函数全微分的概念. 求二元函数在某点处的全微分.

【学习准备】

　　复习一元函数微分学中一元函数增量、微分的概念、二元函数偏导数的概念求法与几何意义，为采用类比法学习二元函数的全微分打下基础.

　　教学内容较多，课前适当阅读、回顾、思考与解答，为课堂学习打下基础.

【数学思考】

　　问题1　类比一元函数增量的概念，二元函数、多元函数在某点的增量该如何定义？

　　问题2　类比一元函数在某点处连续的第二定义，二元函数在某点处连续的概念应如何定义？

　　问题3　类比一元函数在某点处微分的定义，二元函数在某点处的微分应如何定义？

　　问题4　二元函数在某点可微，与二元函数在某点连续，及存在两个偏导数有怎样的关系？试举例说明.

　　问题5　如果二元函数在某点处连续且存在两个偏导数，那么函数在这点可微吗？试举例说明.

　　问题6　函数在某点处存在两个连续的偏导数是函数在该点处可微的什么条件？

　　问题7　类比一元函数微分的应用，多元函数的微分有什么用处？试想一下，有什么样的几何意义？

【归纳总结】

1. 函数 $z = f(x, y)$ 在点 $P_0(x_0, y_0)$ 的全增量 $\Delta z = $ _____
_____ ；

2. 在可微的条件下，函数 $z = f(x, y)$ 在点 $P_0(x_0, y_0)$ 的全增量 $\Delta z = $ _____
_____ ，全微分 $\mathrm{d}z = $ _____ ；

3. 如果函数 $z = f(x, y)$ 在点 $P_0(x_0, y_0)$ 处可微，则函数一定在该点处_____，所以，函数在某点处可微是函数在该点处_____的_____条件.

4. 如果函数 $z = f(x, y)$ 在点 $P_0(x_0, y_0)$ 处可微，则函数一定在该点处_____，所以，函数在某点处可微是函数在该点处_____的_____条件.

5. 如果函数 $z = f(x, y)$ 在点 $P_0(x_0, y_0)$ 处存在两个____的偏导数，则函数在该点处____，所以函数在某点处可微是函数在该点处存在两个连续偏导数的_____条件.

6. 二元函数的相关结论是否可以应用于多元函数.

【方法与题型】

1. 求多元函数的全微分（包括在某点的）

$z = \ln(x^2 + y^2)$.

$$\mathrm{d}z = \frac{2x}{x^2 + y^2}\mathrm{d}x + \frac{2y}{x^2 + y^2}\mathrm{d}y.$$

2. 判断函数在特殊点处的连续性、偏导数、可微性

讨论函数 $f(x, y) = \begin{cases} \dfrac{xy\sin\dfrac{1}{x^2 + y^2}}{\sqrt{x^2 + y^2}}, & (x, y) \neq (0, 0), \\ 0, & (x, y) = (0, 0). \end{cases}$

解　首先，函数在原点处连续.

因为　　　　　　$$\Delta z = \frac{\Delta x \Delta y \sin\dfrac{1}{(\Delta x)^2 + (\Delta y)^2}}{\sqrt{(\Delta x)^2 + (\Delta y)^2}},$$

而　$\left| \dfrac{\Delta y}{\sqrt{(\Delta x)^2 + (\Delta y)^2}} \sin\dfrac{1}{(\Delta x)^2 + (\Delta y)^2} \right| \leqslant 1$，$\lim\limits_{\Delta x \to 0} \Delta x = 0$，

所以　$\lim\limits_{(\Delta x, \Delta y) \to (0, 0)} \dfrac{\Delta x \Delta y \sin\dfrac{1}{(\Delta x)^2 + (\Delta y)^2}}{\sqrt{(\Delta x)^2 + (\Delta y)^2}} = 0$，函数在原点处可微.

3. 判断二元函数的连续性、存在偏导数、可微、偏导数连续之间的关系

$$\text{偏导函数连续} \Longrightarrow \text{函数可微} \begin{matrix} \nearrow & \text{连续} \\ \uparrow\downarrow & \\ \searrow & \text{存在偏导数} \end{matrix}$$

函数 $z = \sqrt{x^2 + y^2}$ 在 $(0, 0)$ 点不存在两个偏导数，因而不可微.

函数 $f(x, y) = \begin{cases} \dfrac{xy}{x^2 + y^2}, & (x, y) = (0, 0), \\ 0, & (x, y) = (0, 0) \end{cases}$　在 $(0, 0)$ 点的两个偏导数都为 0，但

不连续，所以不可微.

（1）函数 $f(x,y) = \begin{cases} \dfrac{xy}{\sqrt{x^2+y^2}}, (x,y) = (0,0), \\ 0, (x,y) = (0,0) \end{cases}$ 　在 $(0,0)$ 点的两个偏导数都为

0，也连续，但不可微.

解　由于 $\lim\limits_{(x,y)\to(0,0)} \dfrac{xy}{\sqrt{x^2+y^2}} = 0 = f(0,0)$，所以函数在 $(0,0)$ 点连续. 且

$$f_x(0,0) = \lim\limits_{x\to0} \dfrac{0}{\sqrt{x^2}} = 0, f_y(0,0) = \lim\limits_{y\to0} \dfrac{0}{\sqrt{y^2}} = 0.$$

但函数在 $(0,0)$ 点的增量 $\Delta z - [f_x(0,0)\Delta x + f_y(0,0)\Delta y] = \dfrac{\Delta x\Delta y}{\sqrt{(\Delta x)^2+(\Delta y)^2}}$，

由于 $\dfrac{\Delta x\Delta y}{(\Delta x)^2+(\Delta y)^2}((\Delta x,\Delta y)\to(0,0))$ 不存在，根据全微分的定义，函数在 $(0,0)$ 点不可微.

（2）函数 $f(x,y) = \begin{cases} (x^2+y^2)\sin\dfrac{1}{x^2+y^2}, (x,y) = (0,0), \\ 0, (x,y) = (0,0) \end{cases}$ 　的偏导数 $f_x(x,y)$，

$f_y(x,y)$ 在点 $(0,0)$ 不连续，但是该函数在点 $(0,0)$ 可微.

解　当 $x\neq0$ 时，$f_x(x,y) = 2x\sin\dfrac{1}{x^2+y^2} - \dfrac{2x}{x^2+y^2}\cos\dfrac{1}{x^2+y^2}$.

当 $x = 0$ 时，$f_x(0,0) = 0$.

由于 $\lim\limits_{(x,y)\to(0,0)} 2x\sin\dfrac{1}{x^2+y^2} = 0$，而 $\lim\limits_{(x,y)\to(0,0)} \dfrac{2x}{x^2+y^2}\cos\dfrac{1}{x^2+y^2}$ 不存在，所以

$\lim\limits_{(x,y)\to(0,0)} f_x(x,y)$ 不存在，从而 $f_x(x,y)$ 在点 $(0,0)$ 不连续.

同理可证 $f_y(x,y)$ 在点 $(0,0)$ 不连续. 但是

$$\Delta z - [f_x(0,0)\Delta x + f_y(0,0)\Delta y] = [(\Delta x)^2+(\Delta y)^2]\sin\dfrac{1}{(\Delta x)^2+(\Delta y)^2} = \rho^2\sin\dfrac{1}{\rho^2},$$

$$\lim\limits_{(\Delta x,\Delta y)\to(0,0)} \dfrac{\rho^2}{\rho}\sin\dfrac{1}{\rho^2} = \lim\limits_{\rho\to0}\rho\sin\dfrac{1}{\rho^2} = 0,$$

根据全微分的定义，函数在点 $(0,0)$ 处可微.

4. 近似计算

$$\sqrt{1.02^2+1.97^2} \approx \sqrt{5} + \dfrac{1}{\sqrt{5}}\times0.02 - \dfrac{2}{\sqrt{5}}\times0.03 = \dfrac{496\sqrt{5}}{500}.$$

【收获与认识】

第四节　多元复合函数的求导法则【学案】

【学习目标】

　　1. 掌握复合函数求导法则，正确地求解复合函数的各阶导数.

　　2. 了解多元函数全微分的形式不变性.

【重、难点】 正确地求解复合函数的各阶导数. 复合函数中变量既是自变量又是中间变量的求导，求复合函数的高阶偏导数.

【学习准备】

　　复习一元复合函数求导的链式法则、一元函数微分的形式不变性；多元函数求导法则，为采用类比法学习多元复合函数的导数打下基础.

　　教学内容较多，课前适当阅读、回顾、思考与解答，为课堂学习打下基础.

【数学思考】

　　问题 1　类比一元复合函数求导的链式法则，复合函数对自变量求导，先是外函数对中间变量求导，再乘以内函数对自变量求导. 猜想外函数是二元函数，内函数是一元函数的多元复合函数求导的链式公式该是怎样的？

　　问题 2　根据外函数是二元函数，内函数是一元函数的多元复合函数求导的公式，猜想外函数是二元函数，内函数也是二元函数的偏导数是怎样的？

　　问题 3　根据前面多元函数求导的法则，猜想如果复合函数中的变量既是自变量也是中间变量时，复合函数的求导方法？

　　问题 4　类比一元函数微分的形式不变性，猜想多元函数微分的形式不变性是怎样的？你能用前述微分公式证明吗？

【归纳总结】

　　1. 复合函数的中间变量都是一元函数的情形（外函数是多元函数，内函数是一元函数）

　　如果内函数 $u = \phi(t)$，$v = \psi(t)$ 在点 t 处可导，而外函数 $z = f(u, v)$ 在对应的点 (u, v) 处具有连续偏导数，那么复合函数（为一元函数）$z = f(\phi(t), \psi(t))$ 在点 t 处可导，且有 _____.

　　2. 复合函数的中间变量均为多元函数的情形（外函数是多元函数，内函数是多元函数）

　　如果内函数 $u = \phi(x, y)$，$v = \psi(x, y)$ 在点 (x, y) 处具有两个偏导数，而外函数 $z = f(u, v)$ 在对应的点 (u, v) 处具有连续偏导数，那么，复合函数（为二元函数）$z = f(\phi(x, y), \psi(x, y))$ 在点 (x, y) 处两个偏导数都存在，且有 _____ _____.

　　3. 复合函数的中间变量既有多元函数也有一元函数的情形（外函数是多元函数，内函数有的是多元函数、有的是一元函数. 特别地，其中的一元函数就是自变

量的情形. 这种情况是部分同学搞不清楚的地方)

如果内函数 $u=\phi(x,y)$ 在点 (x,y) 处具有两个偏导数，内函数 $v=\psi(x)$ 在 x 处可导，外函数 $z=f(u,v)$ 在对应的点 (u,v) 处具有连续偏导数，那么，复合函数 $z=f(\phi(x,y),\psi(x))$ 在点 (x,y) 处两个偏导数都存在，且有＿＿＿＿＿＿＿
＿＿＿＿＿＿＿＿＿＿＿＿＿＿＿.

如果 $v=x$，则复合函数 $z=f(\phi(x,y),x)$ 在点 (x,y) 处两个偏导数等于＿＿＿＿＿＿
＿＿＿＿＿＿＿＿＿＿＿＿＿＿＿＿＿.

4. 注意在求偏导数的过程中，外函数无论求了多少阶导数，其中的变量都是中间变量，在对自变量求导时，都需要用＿＿＿＿＿＿＿＿＿＿＿＿＿. 先对中间变量求导，再对自变量求导.

5. 全微分的形式不变性是＿＿＿＿＿＿＿＿＿＿＿＿＿＿＿＿＿＿＿＿＿
＿＿＿＿＿＿.

【方法与题型】

1. 求复合函数的偏导数

设 $z=u^2v-uv^2$，$u=x\cos y$，$v=x\sin y$，求 $\dfrac{\partial z}{\partial x}$.

$$\frac{\partial z}{\partial x}=\frac{\partial z}{\partial u}\frac{\partial u}{\partial x}+\frac{\partial z}{\partial v}\frac{\partial v}{\partial x}$$

$$=(2uv-v^2)\cos y+(u^2-2uv)\sin y$$

$$=(2x^2\sin y\cos y-x^2\sin^2 y)\cos y+(x^2\cos^2 y-2x^2\sin y\cos y)\sin y$$

$$=3x^2\sin y\cos y(\cos y-\sin y).$$

2. 求多元抽象复合函数的高阶偏导数

设 $z=f(u,v)$ 具有二阶连续导数，$u=x$，$v=\dfrac{x}{y}$，求 $\dfrac{\partial^2 z}{\partial x^2}$，$\dfrac{\partial^2 z}{\partial x\partial y}$，$\dfrac{\partial^2 z}{\partial y^2}$.

解　$\dfrac{\partial z}{\partial x}=f_1+\dfrac{1}{y}f_2$，$\dfrac{\partial z}{\partial y}=-\dfrac{x}{y^2}f_2$.

$$\frac{\partial^2 z}{\partial x^2}=f_{11}+\frac{1}{y}f_{12}+\frac{1}{y}\left(f_{21}+\frac{1}{y}f_{22}\right)=f_{11}+\frac{2}{y}f_{12}+\frac{1}{y^2}f_{22}.$$

$$\frac{\partial^2 z}{\partial x\partial y}=-\frac{x}{y^2}f_{12}-\frac{1}{y^2}f_2-\frac{x}{y^3}f_{22}.$$

$$\frac{\partial^2 z}{\partial y^2}=\frac{2x}{y^3}f_2-\frac{x}{y^2}\left[f_{22}\cdot\left(-\frac{x}{y^2}\right)\right]=\frac{2xyf_2+x^2f_{22}}{y^4}.$$

3. 验证多元复合函数的偏导数公式

（1）设 $z=\dfrac{y}{f(x^2-y^2)}$，其中，f 具有连续导数. 验证 $\dfrac{1}{x}\dfrac{\partial z}{\partial x}+\dfrac{1}{y}\dfrac{\partial z}{\partial y}=\dfrac{z}{y^2}$.

解　令 $u=x^2-y^2$，则

$$\frac{\partial z}{\partial x} = \frac{-2xyf'(u)}{f^2(u)}, \quad \frac{\partial z}{\partial y} = \frac{f(u) + 2y^2f'(u)}{f^2(u)}.$$

$$\frac{1}{x}\frac{\partial z}{\partial x} + \frac{1}{y}\frac{\partial z}{\partial y} = \frac{-2yf'(u) + \dfrac{f(u)}{y} + 2yf'(u)}{f^2(u)} = \frac{1}{yf(u)} = \frac{f(u)}{y^2}.$$

（2）设 $z = f(u)$，$u = \dfrac{y}{x}$ 都可微，证明：$x\dfrac{\partial z}{\partial x} + y\dfrac{\partial z}{\partial y} = 0$.

证明　因为外函数与内函数都是可微函数，所以复合函数可微.

$$\frac{\partial z}{\partial x} = f'(u)\frac{\partial u}{\partial x} = f'(u)\left(-\frac{y}{x^2}\right), \quad \frac{\partial z}{\partial y} = f'(u)\frac{1}{x},$$

所以 $x\dfrac{\partial z}{\partial x} + y\dfrac{\partial z}{\partial y} = f'(u)\left(-\dfrac{y}{x} + \dfrac{y}{x}\right) = 0$.

【收获与认识】

第五节　隐函数的求导公式【学案】

【学习目标】

1. 了解隐函数存在定理.

2. 会求隐函数的偏导数.

【重、难点】 隐函数求偏导数.

【学习准备】

复习一元函数隐函数的求导方法，学习线性代数中二元一次方程的解的公式，偏导数的求法，为学习隐函数求导打下基础.

教学内容较多，课前适当阅读、回顾、思考与解答，为课堂学习打下基础.

【数学思考】

问题 1 联系之前所学隐函数求导的方法和偏导数的求法，猜想隐函数导数公式是怎样求得的？

问题 2 类比一元隐函数求导的方法，猜想二元隐函数求偏导的方法？

问题 3 比较一元、二元隐函数求导方法，有什么共同的规律？

问题 4 隐函数组求偏导的公式有什么记忆的规律？

问题 5 三种情形有什么共同的记忆规律？

【归纳总结】

1. 如果函数 $F(x, y)$ 在点 (x_0, y_0) 的一个邻域内具有连续偏导数，且

$F(x_0,y_0)=0$，$F_y(x_0,y_0)\neq0$，那么，方程 $F(x,y)=0$ 在点 (x_0,y_0) 的某个邻域内能唯一地确定一个连续且具有连续导数的函数 $y=f(x)$，满足条件_____，且有_____．

说明：在点 (x_0,y_0) 处，F 对哪个变量的偏导数不为零，就确定了哪个变量可以作为因变量，而另一个变量为自变量的隐函数．并非一定是 $F_y(x_0,y_0)\neq0$．$F_y(x_0,y_0)\neq0$，确定的隐函数为 $y=f(x)$；如果 $F_x(x_0,y_0)\neq0$，其他条件都满足，确定的是隐函数_____．

2. 如果函数 $F(x,y,z)$ 在点 (x_0,y_0,z_0) 的一个邻域内具有连续偏导数，且 $F(x_0,y_0,z_0)=0$，$F_z(x_0,y_0,z_0)\neq0$，那么，方程 $F(x,y,z)=0$ 在点 (x_0,y_0,z_0) 的某个邻域内能唯一地确定一个连续且具有连续导数的函数 $z=f(x,y)$，满足条件_____，且有_____．

说明：在点 (x_0,y_0,z_0) 处，F 对哪个变量的偏导数不为零，就确定了哪个变量可以作为因变量，而另两个变量为自变量的隐函数．并非一定是 $F_z(x_0,y_0,z_0)\neq0$．$F_z(x_0,y_0,z_0)\neq0$ 确定的隐函数为 $z=f(x,y)$；如果 $F_x(x_0,y_0,z_0)\neq0$，其他条件都满足，确定的是隐函数是_____．

3. 如果函数 $F(x,y,u,v)$，$G(x,y,u,v)$ 在点 (x_0,y_0,u_0,v_0) 的一个邻域内具有连续偏导数，且 $F(x_0,y_0,u_0,v_0)=0$，$G(x_0,y_0,u_0,v_0)=0$，以及由偏导数组成的函数行列式

$$J=\frac{\partial(F,G)}{\partial(u,v)}=\begin{vmatrix}F_u & F_v\\ G_u & G_v\end{vmatrix},$$

在点 (x_0,y_0,u_0,v_0) 处不为零，那么，方程组 $\begin{cases}F(x,y,u,v)=0,\\ G(x,y,u,v)=0\end{cases}$ 在点 (x_0,y_0,u_0,v_0) 的某个邻域内恒能唯一地确定一组连续且具有连续导数的函数 $u=u(x,y)$，$v=v(x,y)$，满足条件_____，且有_____
_____．

说明：在点 (x_0,y_0,u_0,v_0) 处，F,G 对哪两个变量的偏导数的雅可比式不为零，就确定了哪两个变量作为因变量，而另两个变量为自变量的隐函数组．并非一定是 $J=\frac{\partial(F,G)}{\partial(u,v)}=\begin{vmatrix}F_u & F_v\\ G_u & G_v\end{vmatrix}\neq0$．$J=\frac{\partial(F,G)}{\partial(u,v)}=\begin{vmatrix}F_u & F_v\\ G_u & G_v\end{vmatrix}\neq0$ 确定的隐函数组为 $\begin{cases}u=u(x,y),\\ v=v(x,y).\end{cases}$，如果 $J=\frac{\partial(F,G)}{\partial(u,x)}=\begin{vmatrix}F_u & F_x\\ G_u & G_x\end{vmatrix}\neq0$，其他条件都满足，确定的是隐函数组是_____．

如果解线性方程组较熟练，上述公式可以不用记忆公式，采取等式两边分别求

导，再解方程组的方法.

【方法与题型】

1. 求一个方程确定的隐函数的导数

（1）$x^2 + 2xy - y^2 = a^2$.

解（方法1）　设 $F(x,y) = x^2 + 2xy - y^2 - a^2$，由于 $F_x = 2x + 2y$，$F_y = 2x - 2y$.

所以，在满足方程且 $y \neq x$ 的任何点的邻域内确定隐函数 $y = f(x)$，且 $\dfrac{dy}{dx} = \dfrac{x+y}{y-x}$.

（方法2）　方程两边同时对 x 求偏导，有 $2x + 2y + 2x\dfrac{dy}{dx} - 2y\dfrac{dy}{dx} = 0$，解之得

$\dfrac{dy}{dx} = \dfrac{x+y}{y-x}$（$y - x \neq 0$）.

（2）$z^3 - 3xyz + a^2 = 0$.

解　设 $F(x,y,z) = z^3 - 3xyz + a^2$，则 $F_x = -3yz$，$F_y = -3xz$，$F_z = 3z^2 - 3xy$，所以在满足方程且 $z^2 \neq xy$ 的任何点的邻域内确定隐函数 $z = f(x,y)$，且

$$\frac{\partial z}{\partial x} = \frac{yz}{z^2 - xy}, \quad \frac{\partial z}{\partial y} = \frac{xz}{z^2 - xy}.$$

2. 求两个方程确定的隐函数组的偏导数

设 $\begin{cases} x^2 + y^2 = \dfrac{1}{2}z^2, \\ x + y + z = 2. \end{cases}$　求 $\dfrac{dx}{dz}$，$\dfrac{dy}{dz}$.

解　$F(x,y,z) = x^2 + y^2 - \dfrac{1}{2}z^2$，$G(x,y,z) = x + y + z - 2$，则有

$$F_x = 2x, \quad F_y = 2y, \quad F_z = -z,$$
$$G_x = 1, \quad G_y = 1, \quad G_z = 1.$$

故

$$\frac{\partial(F,G)}{\partial(x,y)} = \begin{vmatrix} 2x & 2y \\ 1 & 1 \end{vmatrix} = 2(x - y),$$

$$\frac{\partial(F,G)}{\partial(z,y)} = \begin{vmatrix} -z & 2y \\ 1 & 1 \end{vmatrix} = -z - 2y,$$

$$\frac{\partial(F,G)}{\partial(x,z)} = \begin{vmatrix} 2x & -z \\ 1 & 1 \end{vmatrix} = 2x + z.$$

在 $\dfrac{\partial(F,G)}{\partial(x,y)} = 2(x - y) \neq 0$ 即 $x \neq y$ 的条件下，有

$$\frac{dx}{dz} = \frac{z + 2y}{2(x - y)}, \frac{dy}{dz} = -\frac{2x + z}{2(x - y)}.$$

3. 求抽象方程确定的隐函数的导数

设 $z^3 - 3xyz = a^3$，求 $\dfrac{\partial^2 z}{\partial x \partial y}$.

解　将 z 看成 x，y 的函数，等式两边同时对 x 求导，得，

$$3z^2 \frac{\partial z}{\partial x} - 3\left(yz + xy \frac{\partial z}{\partial x}\right) = 0.$$

解之，得 $\dfrac{\partial z}{\partial x} = \dfrac{yz}{z^2 - xy}$，同理，$\dfrac{\partial z}{\partial y} = \dfrac{xz}{z^2 - xy}$.

$$\frac{\partial^2 z}{\partial x \partial y} = \frac{\partial}{\partial y}\left(\frac{yz}{z^2 - xy}\right)$$

$$= \frac{\left(z + y \dfrac{\partial z}{\partial y}\right)(z^2 - xy) - \left(2z \dfrac{\partial z}{\partial y} - x\right)yz}{(z^2 - xy)^2}$$

$$= \frac{\left(z + y \cdot \dfrac{xz}{z^2 - xy}\right)(z^2 - xy) - \left(2z \dfrac{xz}{z^2 - xy} - x\right)yz}{(z^2 - xy)^2}$$

$$= \frac{z^3 + xyz - \dfrac{2xyz^3}{z^2 - xy}}{(z^2 - xy)^2}$$

$$= \frac{z^5 - x^2y^2z - 2xyz^3}{(z^2 - xy)^3}$$

4. 证明等式

（1）设 $x = x(y,z)$，$y = y(x,z)$，$z = z(x,y)$ 都是由方程 $F(x,y,z) = 0$ 所确定的函数且具有连续偏导数，证明

$$\frac{\partial x}{\partial y} \frac{\partial y}{\partial z} \frac{\partial z}{\partial x} = -1.$$

证明　因为

$$\frac{\partial x}{\partial y} = -\frac{F_y(x,y,z)}{F_x(x,y,z)}, \quad \frac{\partial y}{\partial z} = -\frac{F_z(x,y,z)}{F_y(x,y,z)}, \quad \frac{\partial z}{\partial x} = -\frac{F_x(x,y,z)}{F_z(x,y,z)}.$$

所以，$\dfrac{\partial x}{\partial y} \dfrac{\partial y}{\partial z} \dfrac{\partial z}{\partial x} = \left(-\dfrac{F_y(x,y,z)}{F_x(x,y,z)}\right)\left(-\dfrac{F_z(x,y,z)}{F_y(x,y,z)}\right)\left(-\dfrac{F_x(x,y,z)}{F_z(x,y,z)}\right) = -1.$

（2）设 $y = f(x,t)$，而 t 是由方程 $F(x,y,t) = 0$ 所确定的 x,y 的函数，其中，f，F 都具有连续的偏导数，证明

$$\frac{dy}{dx} = \frac{\dfrac{\partial f}{\partial x} \cdot \dfrac{\partial F}{\partial t} - \dfrac{\partial f}{\partial t} \cdot \dfrac{\partial F}{\partial x}}{\dfrac{\partial f}{\partial t} \cdot \dfrac{\partial F}{\partial y} + \dfrac{\partial F}{\partial t}}.$$

证明　由方程 $F(x,y,t) = 0$ 及 F 都具有连续的偏导数，得

$$\frac{\partial t}{\partial x} = -\frac{\dfrac{\partial F}{\partial x}}{\dfrac{\partial F}{\partial t}}, \quad \frac{\partial t}{\partial y} = -\frac{\dfrac{\partial F}{\partial y}}{\dfrac{\partial F}{\partial t}}.$$

设 $G(x,y,t) = y - f(x,t)$，则

$$G_x = -\frac{\partial f}{\partial x} - \frac{\partial f}{\partial t} \cdot \frac{\partial t}{\partial x}, \quad G_y = 1 - \frac{\partial f}{\partial t} \frac{\partial t}{\partial y}.$$

$$\frac{\mathrm{d}y}{\mathrm{d}x} = -\frac{G_x}{G_y} = \frac{\dfrac{\partial f}{\partial x} - \dfrac{\partial f}{\partial t} \cdot \dfrac{\dfrac{\partial F}{\partial x}}{\dfrac{\partial F}{\partial t}}}{1 + \dfrac{\partial f}{\partial t} \cdot \dfrac{\dfrac{\partial F}{\partial y}}{\dfrac{\partial F}{\partial t}}} = \frac{\dfrac{\partial f}{\partial x} \cdot \dfrac{\partial F}{\partial t} - \dfrac{\partial f}{\partial t} \cdot \dfrac{\partial F}{\partial x}}{\dfrac{\partial f}{\partial t} \cdot \dfrac{\partial F}{\partial y} + \dfrac{\partial F}{\partial t}}.$$

【收获与认识】

第六节　多元函数微分学的几何应用【学案】

【学习目标】

1. 了解空间曲线的切线、法平面、空间曲面的切平面、法线的概念.
2. 会求空间曲线在某点处的切线的方程、法平面的方程.
3. 会求曲面在某点处的切平面的方程、法线的方程.

【重、难点】 空间曲线在某点处的切线的方程、法平面的方程. 曲面在某点处的切平面的方程、法线的方程.

【学习准备】

复习直线的点向式方程、平面的点法式方程，为学习空间曲线在某点处的切线、切向量、法平面和曲面在某点处的切平面和法线方程打下基础.

教学内容较多，课前适当阅读、回顾、思考与解答，为课堂学习打下基础.

【数学思考】

问题1 根据参数式方程，空间曲线在点 $M(x_0,y_0,z_0)$ 处的割线的方向向量是怎样的？割线方程呢？

问题2 切线是割线的极限位置，根据曲线在点 $M(x_0,y_0,z_0)$ 处的割线的方程，你能有办法求出曲线在点 $M(x_0,y_0,z_0)$ 处切线的方程吗？

问题3 曲线在点 $M(x_0,y_0,z_0)$ 处的切向量如何？法平面方程如何？

问题4 如果已知曲线的一般方程，在点 $M(x_0,y_0,z_0)$ 处的切向量如何？法平面方程如何？

问题5 根据一般方程，曲面在其上某点 $M(x_0,y_0,z_0)$ 处的切平面的法向量是

如何获得的? 曲面在其上某点 $M(x_0, y_0, z_0)$ 处的切平面如何定义?

问题 6 曲面 $z = f(x, y)$ 在其上某点 $M(x_0, y_0, z_0)$ 处的切平面方程是怎样的? 法线方程是怎样的?

问题 7 由曲面 $z = f(x, y)$ 在其上某点 $M(x_0, y_0, z_0)$ 处的切平面方程,联系微分概念,你有什么发现?

【归纳总结】

1. 空间曲线在点 $M(x_0, y_0, z_0)$ 处的割线的方向向量是_____. 割线方程是_____.

2. 空间曲线在点 $M(x_0, y_0, z_0)$ 处的切向量是_____. 切线方程是_____.

3. 空间曲线在点 $M(x_0, y_0, z_0)$ 处的法平面方程是_____.

4. 曲面在其上某点 $M(x_0, y_0, z_0)$ 的切平面方程的定义是_____ _____ _____.

5. 曲面在其上某点 $M(x_0, y_0, z_0)$ 的切平面方程是_____ _____.

6. 曲面在其上某点 $M(x_0, y_0, z_0)$ 的法线方程是_____ _____.

7. 由曲面 $z = f(x, y)$ 在其上某点 $M(x_0, y_0, z_0)$ 处的切平面方程,你可以发现,全微分的本质思想是_____.

【方法与题型】

1. 曲线的切线方程与法平面方程相关计算问题

在曲线 $x = t$, $y = t^2$, $z = t^3$ 上求一点,使曲线在该点处的切线与平面 $x + 2y + z = 10$ 平行.

解 曲线在点 $M(t, t^2, t^3)$ 处的切向量为 $\tau = (1, 2t, 3t^2)$. 平面的法向量 $n = (1, 2, 1)$. 曲线在点 $M(t, t^2, t^3)$ 处的切线与平面 $x + 2y + z = 10$ 平行的充要条件为 $\tau \cdot n = 0$, 即

$$1 + 4t + 3t^2 = 0.$$

解之,得 $t_1 = -1$, $t_2 = -\dfrac{1}{3}$.

所以曲线上,点 $M_1(-1, 1, -1)$, $M_2\left(-\dfrac{1}{3}, \dfrac{1}{9}, -\dfrac{1}{27}\right)$ 处的切线与平面 $x + 2y + z = 10$ 平行.

2. 曲面的切平面方程与法线方程相关的计算问题

在曲面 $z = xy$ 上求一点,使该点处曲面的法线垂直于平面 $x + 3y + z + 9 = 0$.

解 设 $M(x_0, y_0, x_0y_0)$ 为曲面上任一点, 曲面 $z = xy$ 在该点处的法向量 $\boldsymbol{n}_1 = (y_0, x_0, -1)$. 平面 $x + 2y + z = 10$ 的法向量为 $\boldsymbol{n}_2 = (1, 2, 1)$. 由于 $\boldsymbol{n}_1$ 与平面垂直的充要条件为 $\boldsymbol{n}_1 \parallel \boldsymbol{n}_2$, 即

$$\frac{y_0}{1} = \frac{x_0}{2} = \frac{-1}{1}.$$

解之, 得 $x_0 = -2$, $y_0 = -1$.

所以, 所求曲面上点的坐标为 $(-2, -1, 2)$.

3. 有关证明题

(1) 证明螺旋线 $x = a\cos t$, $y = a\sin t$, $z = bt$ 上任一点处的切线都与 z 轴形成定角.

证明 由于螺旋线 $x = a\cos t$, $y = a\sin t$, $z = bt$ 上任一点 $M(x, y, z)$ 处的切向量 $\boldsymbol{\tau} = (-a\sin t, a\cos t, b)$. z 轴的方向向量 $\boldsymbol{k} = (0, 0, 1)$. 所以, 二者所形成的角 θ 的余弦为

$$\cos\theta = \frac{\boldsymbol{\tau} \cdot \boldsymbol{k}}{|\boldsymbol{\tau}| |\boldsymbol{k}|} = \frac{b}{\sqrt{a^2 + b^2}}.$$

于是

$$\theta = \arccos \frac{b}{\sqrt{a^2 + b^2}} = 常数.$$

(2) 证明: 曲面 $xyz = a^3$ $(a > 0)$ 上任一点处的切平面与坐标面围成的四面体的体积为定值.

证明 曲面 $xyz = a^3$ $(a > 0)$ 上任一点 $M(x_0, y_0, z_0)$ 处的切平面方程为
$$y_0z_0(x - x_0) + x_0z_0(y - y_0) + x_0y_0(z - z_0) = 0,$$
化简, 为
$$y_0z_0 x + x_0z_0 y + x_0y_0 z = 3a^3,$$
整理, 得平面的截距式方程

$$\frac{x}{3x_0} + \frac{y}{3y_0} + \frac{z}{3z_0} = 1.$$

曲面 $xyz = a^3$ $(a > 0)$ 上任一点 $M(x_0, y_0, z_0)$ 处的切平面与坐标面围成的四面体的体积为

$$V = \frac{1}{6} |3x_0 \cdot 3y_0 \cdot 3z_0| = \frac{9}{2}a^3.$$

这是一个不随点的坐标变化的定值.

【收获与认识】

第七节　方向导数与梯度【学案】

【学习目标】

1. 理解方向导数和梯度的概念，了解方向导数与梯度的关系.

2. 掌握方向导数与梯度的计算方法.

3. 了解函数在某点处可微、存在方向导数、存在偏导数、连续等之间的关系.

【重、难点】 方向导数的概念和求法. 方向导数与梯度的关系.

【学习准备】

复习一元函数导数的概念、偏导数的概念、全微分的概念，为采用类比法学习多元函数的方向导数打下基础.

教学内容较多，课前适当阅读、回顾、思考与解答，为课堂学习打下基础.

【数学思考】

问题 1　类比一元函数在某点的导数及偏导数的概念，我们应如何定义函数在某点处沿某个方向的方向导数？

问题 2　导数表示瞬时变化率，方向导数表示什么变化率？

问题 3　二元函数在某点处沿方向 i，$-i$ 方向的方向导数与函数在该点处对变量 x 的偏导数有什么关系？

问题 4　函数在某点处的方向导数与函数在某点可微有什么关系？

问题 5　函数在某点存在偏导数与函数在某点存在各个方向的方向导数什么关系？

问题 6　函数在某点处存在各个方向的方向导数和函数在该点连续什么关系？

问题 7　函数在某点处的两个偏导数与函数在该点的梯度有什么关系？

问题 8　函数在某点处的方向导数与梯度有什么关系？

【归纳总结】

1. *方向导数的定义*

如图 8-7-1 所示，若函数 $f(x,y,z)$ 在点 $P(x,y,z)$ 处沿方向 l（方向角为 α,β,γ）存在下列极限

$$\lim_{\rho \to 0} \frac{\Delta f}{\rho} = \lim_{\rho \to 0} \frac{f(x+\Delta x,\ y+\Delta y,\ z+\Delta z) - f(x,y,z)}{\rho},$$

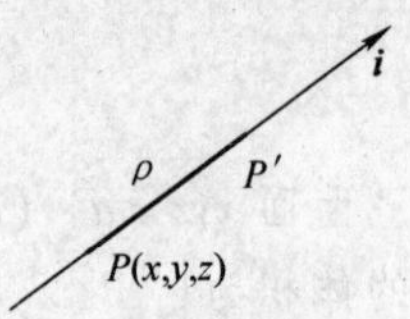

图　8-7-1

其中，$\rho = \sqrt{(\Delta x)^2 + (\Delta y)^2 + (\Delta z)^2}$，$\Delta x = \rho\cos\alpha$，$\Delta y = \rho\cos\beta$，$\Delta z = \rho\cos\gamma$. 那么则称此极限为函数 $f(x,y,z)$ 在点 P 处沿方向 l 的方向导数，记为＿＿＿＿＿＿＿＿.

从方向导数的定义知道，方向导数＿＿＿＿＿是函数 $f(x,y,z)$ 在点 $P(x,y,z)$ 处沿方向 l 的＿＿＿＿＿＿＿.

2. 方向导数与可微的关系

（1）可微一定存在各个方向的方向导数.

定理　如果函数 $f(x,y,z)$ 在点 $P(x,y,z)$ 处可微分，那么函数在该点沿任一方向 l 的方向导数存在，且有

$$\frac{\partial f}{\partial l} = f_x(x,y,z)\cos\alpha + f_y(x,y,z)\cos\beta + f_z(x,y,z)\cos\gamma,$$

其中，α, β, γ 是方向 l 的方向角.

（2）存在各个方向的方向导数不一定可微.

例如 $z = \sqrt{x^2 + y^2}$ 在点 $O(0,0)$ 处沿任何方向 l 的方向导数均为 $\left.\dfrac{\partial z}{\partial l}\right|_{(0,0)} = 1$，而两个偏导数不存在，因而不可微.

3. 方向导数与偏导数的关系

（1）函数在某点存在偏导数，则说明函数存在坐标轴上 6 个方向的方向导数.

如果 $f(x,y,z)$ 在点 $P(x,y,z)$ 的偏导数存在，$e_l = i$，则

$$\frac{\partial f}{\partial l} = \lim_{\rho \to 0} \frac{f(x+\rho, y, z) - f(x,y,z)}{\rho} = f'_x(x,y,z).$$

若 $e_l = -i$，则

$$\frac{\partial f}{\partial l} = \lim_{\rho \to 0} \frac{f(x-\rho, y, z) - f(x,y,z)}{\rho} = -f'_x(x,y,z).$$

若 $e_l = j$，则 $\dfrac{\partial f}{\partial l} = \lim\limits_{\rho \to 0} \dfrac{f(x, y+\rho, z) - f(x,y,z)}{\rho} = f'_y(x,y,z).$

若 $e_l = k$，则 $\dfrac{\partial f}{\partial l} = \lim\limits_{\rho \to 0} \dfrac{f(x, y, z+\rho) - f(x,y,z)}{\rho} = f'_z(x,y,z).$

（2）函数存在各个方向的方向导数，也不一定存在偏导数.

例如 $z = \sqrt{x^2 + y^2}$ 在点 $O(0,0)$ 处沿任何方向 l 的方向导数均为 $\left.\dfrac{\partial z}{\partial l}\right|_{(0,0)} = 1$，而两个偏导数不存在，因而不可微.

4. 存在方向导数与函数连续的关系

（1）函数连续也不一定存在各个方向的方向导数.

例如 $z = \sqrt{xy}$ 是初等函数，故在定义域内连续. 但是 $\dfrac{\partial f}{\partial l} = \lim\limits_{\rho \to 0} \dfrac{\sqrt[3]{\rho^2 \cos\alpha\cos\beta}}{\rho}$ 不存在.

（2）函数存在各个方向的方向导数，也不一定连续.

例如 $f(x,y) = \begin{cases} \dfrac{xy^2}{x^2+y^4}, & (x,y) \neq (0,0), \\ 0, & (x,y) = (0,0) \end{cases}$ 在点 $(0,0)$ 存在各个方向的方向导数，

$$\frac{\partial f}{\partial l} = \lim_{\rho \to 0} \frac{\rho^3 \cos\alpha \cos^2\beta}{\rho(\rho^2 \cos^2\alpha + \rho^4 \cos\beta)} = \frac{\cos^2\beta}{\cos\alpha}, \cos\alpha \neq 0,$$

$$\frac{\partial f}{\partial l} = \lim_{\rho \to 0} \frac{\rho^3 \cos\alpha \cos^2\beta}{\rho(\rho^2 \cos^2\alpha + \rho^4 \cos\beta)} = 0, \cos\alpha = 0.$$

但是函数在点$(0,0)$处不连续.

5. 方向导数与梯度的关系（请同学自己填写完整）

【方法与题型】

1. 利用方向导数的定义求方向导数

练习1　求函数$z = x^2 + y^2$在点$(0,0)$处沿$\boldsymbol{i} + \boldsymbol{j}$方向的方向导数.

2. 利用方向导数的计算公式求方向导数

（1）练习2　求函数$u = x^2 yz$在点$P(1,1,1)$处沿方向$\boldsymbol{l} = (2, -1, 3)$的方向导数.

解　函数的三个偏导数为

$$\frac{\partial u}{\partial x} = 2xyz, \quad \frac{\partial u}{\partial y} = x^2 z, \quad \frac{\partial u}{\partial z} = x^2 y.$$

方向$\boldsymbol{l} = (2, -1, 3)$的方向余弦为

$$\cos\alpha = \frac{2}{\sqrt{14}}, \quad \cos\beta = -\frac{1}{\sqrt{14}}, \quad \cos\gamma = \frac{3}{\sqrt{14}}.$$

所以

$$\frac{\partial u}{\partial l}\Big|_{P(1,1,1)} = (2xyz \cdot \frac{2}{\sqrt{14}} - x^2 z \cdot \frac{1}{\sqrt{14}} + x^2 y \cdot \frac{3}{\sqrt{14}})\Big|_{P(1,1,1)} = \frac{6}{\sqrt{14}} = \frac{3}{7}\sqrt{14}.$$

练习3　$z = xe^{2y}$在点$P(1,0)$处沿点$P(1,0)$到点$Q(2, -1)$的方向的方向导数.

（2）求函数$z = 3x^2 y - y^2$在点$P(2,3)$处沿曲线$y = x^2 - 1$朝x增大方向的方向导数.

分析　点处曲线$y = x^2 - 1$上，点$P(2,3)$处朝x增大方向的方向是切向量的方向.

解　将已知曲线用参数方程表示为

$$\begin{cases} x = x, \\ y = x^2 - 1. \end{cases}$$

它在点P的切向量$\boldsymbol{l}$为$(1, 2x)\big|_{x=2} = (1, 4)$，所以$\cos\alpha = \frac{1}{\sqrt{17}}$，$\cos\beta = \frac{4}{\sqrt{17}}$.

又

$$\frac{\partial f}{\partial x}\Big|_{(2,3)} = 6xy\big|_{(2,3)} = 36,$$

$$\frac{\partial f}{\partial y}\Big|_{(2,3)} = (3x^2 - 2y)\big|_{(2,3)} = 6,$$

所以

$$\left.\frac{\partial z}{\partial \boldsymbol{l}}\right|_{(2,3)} = 36 \cdot \frac{1}{\sqrt{17}} + 6 \cdot \frac{4}{\sqrt{17}} = \frac{60}{\sqrt{17}}.$$

3. 求函数在某点的梯度

练习4　设 $f(x,y,z) = x^2 + 3xy - 2z$，求 $\mathrm{grad}f(0,0,0)$，$\mathrm{grad}f(1,1,1)$.

4. 有关梯度的证明题

设 u,v 都是 x,y 的具有连续偏导数的函数，证明：$\mathrm{grad}(uv) = u\,\mathrm{grad}v + v\,\mathrm{grad}u.$

证明

$$\begin{aligned}
\mathrm{grad}(uv) &= (uv)_x \boldsymbol{i} + (uv)_y \boldsymbol{j} \\
&= (u_x v + u v_x)\boldsymbol{i} + (u_y v + u v_y)\boldsymbol{j} \\
&= (u_x \boldsymbol{i} + u_y \boldsymbol{j})v + u(v_x \boldsymbol{i} + v_y \boldsymbol{j}) \\
&= u\,\mathrm{grad}v + v\,\mathrm{grad}u.
\end{aligned}$$

【收获与认识】

第八节　多元函数的极值问题【学案】

【学习目标】

1. 理解多元函数极值的概念.

2. 掌握多元函数极值存在的充分条件和必要条件，会求二元函数的极大值与极小值.

3. 了解条件极值的概念，会用拉格朗日乘数法求函数的条件极值.

4. 能解决二元函数求最值的应用问题.

【重、难点】　求二元函数的极值. 用拉格朗日常数法求函数极值时解多元方程组.

【学习准备】

　　复习一元函数微分学的极值、最值、驻点等概念，一元函数极值的求法，为采用类比法学习二元函数的极值打下基础.

　　教学内容较多，课前适当阅读、回顾、思考与解答，为课堂学习打下基础.

【数学思考】

　　问题1　类比一元函数的极值，二元函数（多元函数）的极值、极值点该如何定义？

　　问题2　类比一元函数存在极值的必要条件，二元函数取得极值的必要条件是怎样的？

　　问题3　驻点与极值点有什么关系？

　　问题4　类比一元函数存在极值的充分条件，二元函数取得极值的充分条件是怎样的?

　　问题5 拉格朗日乘数法的依据?

【归纳总结】

　　1. 极值的概念

　　设函数 $f(x,y)$ 在点 (x_0,y_0) 的某个邻域内有定义,并且对于该邻域内异于点 (x_0,y_0) 的任何点 (x,y) 都有＿＿＿＿＿＿＿＿＿＿(或＿＿＿＿＿＿＿＿＿＿),那么称函数 $f(x,y)$ 在点 (x_0,y_0) 处有＿＿＿＿＿(或＿＿＿＿＿),点 (x_0,y_0) 称为函数的＿＿＿＿(或＿＿＿＿).例如函数＿＿＿＿＿＿＿＿＿

＿＿＿＿＿＿＿＿＿＿＿.

　　2. 函数 $z=f(x,y)$ 在点 (x_0,y_0) 处取得极值的必要条件

　　设函数 $z=f(x,y)$ 在点 (x_0,y_0) 处具有偏导数,并且在点 (x_0,y_0) 处取得极值,则有＿＿＿＿＿＿＿＿＿＿＿＿＿＿＿＿.

　　3. 极值点和驻点的关系

　　如,点 $(0,0)$ 是函数 $z=x^2-y^2$ 的<u>驻点</u>,但不是函数的<u>极值点</u>.

　　点 $(0,0)$ 是函数 $z=1-\sqrt{x^2+y^2}$ 的极大值点,但函数在此点不存在偏导数,因而不是驻点.

　　4. 驻点的几何解释

　　若函数 $z=f(x,y)$ 在驻点 (x_0,y_0) 处有连续的偏导数,则说明函数在驻点处有＿＿＿的切平面.

　　5. 函数在某点取得极值的充分条件

　　设函数 $z=f(x,y)$ 在点 (x_0,y_0) 的某个邻域内有连续的二阶偏导数,又 $f_x(x_0,y_0)=0,f_y(x_0,y_0)=0.$ 记

$$f_{xx}(x_0,y_0)=A,f_{xy}(x_0,y_0)=B,f_{yy}(x_0,y_0)=C,$$

则 $z=f(x,y)$ 在点 (x_0,y_0) 是否取得极值的条件如下:

　　(1) 当＿＿＿＿＿时,有极值,且＿＿＿＿＿＿＿＿＿＿＿＿.

　　(2) 当＿＿＿＿＿时,无极值.

　　(3) 当＿＿＿＿＿时,可能有极值也可能无极值,需要根据其他条件确定.

　　6. 具有二阶连续偏导数的函数求极值的步骤

　　(1) 解导数方程;

　　(2) 求 A,B,C;

　　(3) 根据充分条件判断.

　　7. 条件极值

　　(1) 转化为无条件极值.

　　(2) 拉格朗日乘数法的步骤:

　　　　① 作拉格朗日函数;

　　　　② 得到方程组;

　　　　③ 解方程组,得极值点(根据实际直接判断).

【方法与题型】

1. 求二元函数的极值

求函数 $f(x,y) = x^3 + y^3 - 3(x^2 + y^2)$.

解 先计算偏导数

$$f_x(x,y) = 3x^2 - 6x, \quad f_y(x,y) = 3y^2 - 6y,$$

$$f_{xx}(x,y) = 6x - 6, \quad f_{xy}(x,y) = 0, \quad f_{yy}(x,y) = 6y - 6.$$

解方程组 $\begin{cases} 3x^2 - 6x = 0, \\ 3y^2 - 6y = 0 \end{cases}$ 得函数的驻点为 $(0,0)$，$(2,0)$，$(0,2)$，$(2,2)$.

在点 $(0,0)$ 处，$AC - B^2 = 36 > 0$，$A = -6 < 0$，故函数取得极大值 0.

在点 $(2,0)$ 处，$AC - B^2 = -36 < 0$，故函数没有极值.

在点 $(0,2)$ 处，$AC - B^2 = -36 < 0$，故函数没有极值.

在点 $(2,2)$ 处，$AC - B^2 = 36 > 0$，$A = 6 > 0$，故函数取得极小值 -8.

2. 求二元函数的条件极值

（1）转化为无条件极值

将正数 12 分成三个正数 x，y，z 之和，使得 $u = x^3 y^2 z$ 为最大.

解 根据三个正数的关系，$z = 12 - x - y$，于是

$$u = x^3 y^2 (12 - x - y) = 12x^3 y^2 - x^4 y^2 - x^3 y^3 \quad (0 < x, y, z < 12).$$

先计算偏导数

$$u_x(x,y) = 36x^2 y^2 - 4x^3 y^2 - 3x^2 y^3, \quad u_y(x,y) = 2(12x^3 - x^4)y - 3x^3 y^2,$$

解方程组 $\begin{cases} u_x = 0, \\ u_y = 0. \end{cases}$ 得 $x = 6$，$y = 4$.

由题意知，函数的最大值一定存在，并在 $0 < x$，$y < 12$ 内取得. 由于函数在 $0 < x$，$y < 12$ 内有唯一驻点，可以断言，当 $x = 6$，$y = 4$，$z = 2$ 时，u 取得最大值 6912.

（2）条件极值（请同学们自己完成）

求内接于椭球面 $\dfrac{x^2}{a^2} + \dfrac{y^2}{b^2} + \dfrac{z^2}{c^2} = 1$ 的长方体的最大体积.

【收获与认识】

第九章 多元函数的积分学及其应用

第一节 二重积分的概念与性质【学案】

【学习目标】

知识与技能

1. 能用自己的语言正确表述二重定积分的定义，说出符号 $\iint\limits_{D} f(x,y)\,\mathrm{d}\sigma$ 中各部分的名称.

2. 理解二重积分的几何意义，能依据二重积分的几何意义，利用一些规则图形的面积表示二重积分的值.

3. 能用二重积分的定义或几何意义说明二重积分的性质：线性性；区域可加性；被积函数为 1 时，定积分的值等于积分区间的长度；单调性；二重积分的中值定理.

过程与方法

1. 能用自己的语言表述出求曲顶柱体体积的思维过程.

2. 能从曲顶柱体的体积、平面薄片的质量两个实例中抽象出其中量化的、没有背景的部分，定义二重积分.

3. 通过应用定义、几何意义说明性质，加深对二重积分的理解.

4. 对数学思想方法、辩证的思想方法有所体会与感悟.

5. 对微积分研究问题的方法有进一步的认识.

【重、难点】求曲顶柱体体积的求解思路. 曲顶柱体体积的求解思路所包含的数学思维的感悟与理解.

关键：理清求解体积问题的化归思路，借助几何直观理解二重积分的定义.

【学习准备】

二重积分的概念和性质一节是对定积分概念中所蕴含的思想方法的第二次实践，类似于定积分的概念和性质，所以本节的学习可以采用类比的方法. 需要学生课前复习定积分的概念和性质，熟悉该节的内容和方法.

课前适当阅读、回顾、思考与解答，为课堂学习打下基础.

【数学思考】

复习回顾定积分的概念与性质.

问题 1 因为曲边梯形的高是变化的，所以求曲边梯形的面积我们采用了：分割、近似、求和、取极限的方法. 现在曲顶柱体的高也是变化的，类比曲边梯形面积的求法，曲顶柱体的体积我们将采用什么样的方法？

问题 2　求曲顶柱体体积的过程中，用一组曲线网将区域 D 分成 n 个小的闭区域，为什么是"任意"的，不是"任意"的能否保证分割无限密？

问题 3　分割过程中，若分成的细的曲顶柱体的个数 $n \to \infty$，能否保证把积分区域无限细分？

问题 4　曲顶柱体体积的求法与平面薄片的质量问题的解决过程，有什么共性？

问题 5　为什么 $f(x,y) < 0$ 时，$\iint\limits_{D} f(x,y) \, d\sigma$ 的几何意义是 xOy 面下方部分曲顶柱体体积的相反数？

问题 6　定积分的性质有哪些？你能否类比推广到二重积分上来吗？并进行说明.

问题 7　积分不等式及其推论可以用来解决什么问题？

问题 8　在利用二重积分中值定理时，你认为关键的问题是什么？（不要看着 $\iint\limits_{D} f(x,y) \, d\sigma$ 挺复杂，它是一个数值，不是一个函数.）

问题 9　你认为学习二重定积分的概念形成过程中包含什么数学思想方法和辩证的方法？

【归纳总结】

1. 曲顶柱体的体积

（1）分割

（2）近似求和

（3）取极限

2. 平面薄片的质量

（1）分割

（2）近似求和

（3）取极限

3. 二重积分的定义及各部分的名称

4. 二重积分的性质

（1）线性性质

（2）区域可加性质

（3）被积函数为 1 的特例

（4）单调性

推论

（5）二重积分的中值定理

【方法与题型】

1. 定积分几何意义的应用

(1) 试用二重积分表示旋转抛物面 $z = 2 - x^2 - y^2$、柱面 $x^2 + y^2 = 1$ 与 xOy 面所围成立体的体积.

解　所围成的几何体是一个以旋转抛物面 $z = 2 - x^2 - y^2$ 为顶、柱面 $x^2 + y^2 = 1$ 为侧面、xOy 面为底面的立体. 根据二重积分的几何意义, 这个立体的体积为

$$V = \iint\limits_{D} (2 - x^2 - y^2)\, d\sigma,$$

其中 $D = \{(x, y) \mid x^2 + y^2 \leqslant 1\}$.

(2) 根据二重积分的几何意义, 确定二重积分的值

$$\iint\limits_{D} (a - \sqrt{x^2 + y^2})\, d\sigma, \ \text{其中}, \ D = \{(x, y) \mid x^2 + y^2 \leqslant a^2\} \ (a > 0).$$

解　根据二重积分的几何意义, 这个二重积分表示一个底面半径和高都等于 a 的一个倒立圆锥的体积. 所以,

$$\iint\limits_{D} (a - \sqrt{x^2 + y^2})\, d\sigma = \frac{1}{3}\pi a^3.$$

2. 比较二重积分的大小

$$\iint\limits_{D} (x + y)^2 d\sigma \ \text{与} \ \iint\limits_{D} (x + y)^3 d\sigma, \ \text{其中}, \ D \ \text{由圆周} (x - 2)^2 + (y - 1)^2 = 2 \ \text{所围成}.$$

解　由于圆形区域 D 的圆心 $(2, 1)$ 到直线 $x + y = 1$ 的距离为圆的半径, 所以圆与直线相切 (如图 9-1-1 所示), 又 $(2, 1)$ 在直线的上方, 所以圆形区域在直线 $x + y = 1$ 的上方, 从而对于区域内任意一点 (x, y), 有 $x + y > 1$, 从而 $(x + y)^2 < (x + y)^3$, 根据二重积分的单调性质, 有

图 9-1-1

$$\iint\limits_{D} (x + y)^2 d\sigma \leqslant \iint\limits_{D} (x + y)^3 d\sigma.$$

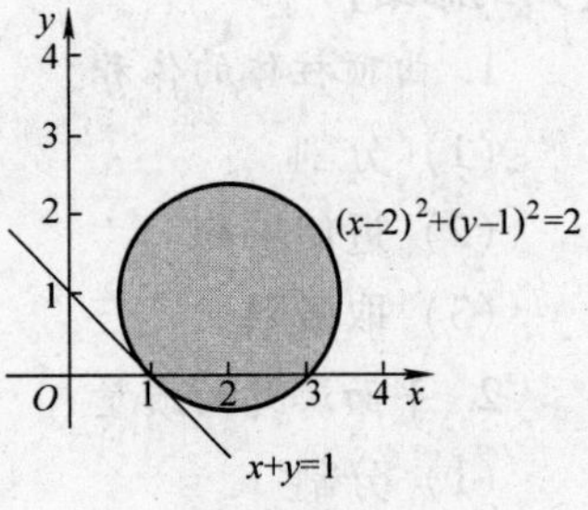

3. 估计二重积分的值

$$\iint\limits_{D} xy(x + y)\, d\sigma, \ \text{其中} \ D = \{(x, y) \mid 0 \leqslant x \leqslant 1, \ 0 \leqslant y \leqslant 1\}.$$

解　因为在 D 上, $0 \leqslant xy(x + y) \leqslant 2$, 所以, 根据二重积分单调的性质, 有 $0 = \iint\limits_{D} 0 d\sigma \leqslant \iint\limits_{D} xy(x + y)\, d\sigma \leqslant \iint\limits_{D} 2 d\sigma = 2$.

4. 根据定义证明二重积分的性质 (略)

【收获与认识】

第二节 二重积分的计算法【学案1】

【学习目标】

1. 理解二重积分化二次积分方法的由来.
2. 能够根据积分区域和被积函数的特点，适当地选择积分次序计算二重积分.
3. 能够正确交换二次积分的积分次序.
4. 对二重积分求解的方法（化二次积分）有所领悟.

【重、难点】 直角坐标系下二重积分化为二次积分.

1. 交换二次积分的次序；
2. 对称性等技巧的应用.

【学习准备】

在直角坐标系下计算二重积分将二重积分化为二次积分，前承二重积分的概念、定积分；后继极坐标系下二重积分的计算、二重积分在几何、物理等学科的应用以及三重积分. 根据二重积分的几何意义——曲顶柱体的体积，根据已知截面面积函数的立体体积的计算方法，将二重积分化为二次积分. 二重积分变为二次积分的关键是积分区域的类型、表示方法以及被积函数的特点处理的细节和技巧.

复习前面所学截面面积函数为已知的立体体积的计算方法和过程，为本节学习将二重积分化为二次积分打下基础.

这一节内容较多，课前适当阅读、回顾、思考与解答，为课堂重点学习打下基础.

【数学思考】

问题1 如何判断积分区域是 X – 型区域还是 Y – 型区域？

问题2 如果积分区域不是 X – 型或 Y – 型区域，怎么办？

问题3 根据二重积分的几何意义、截面面积函数为已知的立体的体积的计算方法、曲边梯形面积的计算方法，我们将二重积分化为了两次定积分，应用了什么数学思想方法？

问题4 X – 型区域、Y – 型区域的表示方法和二重积分的积分次序、二重积分的积分上下限有什么关系？

问题5 选择二重积分的积分次序要参考哪些因素？

【归纳总结】

1. X – 型区域上二重积分 $\iint\limits_{D} f(x,y)\,\mathrm{d}\sigma$ 的计算

当 $f(x,y) \geqslant 0$ 且在 D 上连续时. 设积分区域 D 为 X – 型区域，可以用不等式 $\phi_1(x) \leqslant y \leqslant \phi_2(x)$，$a \leqslant x \leqslant b$ 来表示，其中函数 $\phi_1(x)$，$\phi_2(x)$ 在区间 $[a,b]$ 上连续.

按照二重积分的几何意义，二重积分 $\iint\limits_{D} f(x,y)\,\mathrm{d}\sigma$ 的值等于以 D 为底，以曲面

$z = f(x, y)$ 为顶的曲柱体的体积

$$\iint\limits_{D} f(x, y)\,\mathrm{d}x\mathrm{d}y = \underline{\hspace{6cm}}.$$

上式右端的积分称为先对____后对____的积分. 就是说，先把 x 看作常数，把 $f(x, y)$ 只看作 y 的函数，并对 y 计算从 $\phi_1(x)$ 到 $\phi_2(x)$ 的定积分；而后把算得的结果（是 x 的函数）再对 x 计算在区间 $[a, b]$ 上的定积分. 这个先对 y、后对 x 的二次积分也常记作

$$\iint\limits_{D} f(x, y)\,\mathrm{d}x\mathrm{d}y = \underline{\hspace{5cm}}.$$

2. Y - 型区域上二重积分 $\iint\limits_{D} f(x, y)\,\mathrm{d}\sigma$ 的计算

类似地，当 $f(x, y) \geqslant 0$ 且在 D 上连续时. 如果 D 是 Y - 型区域，可以不用等式 $\psi_1(y) \leqslant x \leqslant \psi_2(y)$，$c \leqslant y \leqslant d$ 来表示，其中函数 $\psi_1(y)$，$\psi_2(y)$ 在区间 $[c, d]$ 上连续，那么就有

$$\iint\limits_{D} f(x, y)\,\mathrm{d}x\mathrm{d}y = \underline{\hspace{5cm}}.$$

上式右端的积分称为先对__、后对__ 的二次积分，这个积分也常记作

$$\iint\limits_{D} f(x, y)\,\mathrm{d}x\mathrm{d}y = \underline{\hspace{5cm}}.$$

3. 被积函数 $f(x, y)$ 在 D 上变号

当被积函数 $f(x, y)$ 在 D 上变号时，由于

$$f(x, y) = \underbrace{\frac{f(x, y) + |f(x, y)|}{2}}_{f_1(x, y)} - \underbrace{\frac{|f(x, y)| - f(x, y)}{2}}_{f_2(x, y)},$$

而 $f_1(x, y) \geqslant 0$，$f_2(x, y) \geqslant 0$，$(x, y) \in D$，所以，

$$\iint\limits_{D} f(x, y)\,\mathrm{d}x\mathrm{d}y = \iint\limits_{D} f_1(x, y)\,\mathrm{d}x\mathrm{d}y - \iint\limits_{D} f_2(x, y)\,\mathrm{d}x\mathrm{d}y,$$

即上面讨论的累次积分（二次积分）法仍然有效.

4. 积分区域既是 X - 型又是 Y - 型区域

（1）如果积分区域 D 既是 X - 型的，可用不等式 $\phi_1(x) \leqslant y \leqslant \phi_2(x)$，$a \leqslant x \leqslant b$ 表示，又是 Y - 型的，可用不等式 $\psi_1(y) \leqslant x \leqslant \psi_2(y)$，$c \leqslant y \leqslant d$ 表示，则

$$\iint\limits_{D} f(x, y)\,\mathrm{d}x\mathrm{d}y = \int_a^b \mathrm{d}x \int_{\phi_1(x)}^{\phi_2(x)} f(x, y)\,\mathrm{d}y$$

$$= \int_c^d \mathrm{d}y \int_{\psi_1(y)}^{\psi_2(y)} f(x, y)\,\mathrm{d}x.$$

为方便计算可以选择积分的次序，必要时可以交换积分的次序.

（2）若积分区域比较复杂

必要时可以将其分割成若干个 X - 型或者 Y - 型区域，于是

$$\iint\limits_{D} f(x,y)\,\mathrm{d}x\mathrm{d}y = \iint\limits_{D_1} f(x,y)\,\mathrm{d}x\mathrm{d}y + \iint\limits_{D_2} f(x,y)\,\mathrm{d}x\mathrm{d}y + \iint\limits_{D_3} f(x,y)\,\mathrm{d}x\mathrm{d}y.$$

【方法与题型】

1. 二重积分的计算

计算 $\iint\limits_{D} xy\mathrm{d}\sigma$，其中，$D$ 是由直线 $y=1$，$x=2$ 及 $y=x$ 所围成的闭区域.

分析　画出积分区域的图示（至关重要，略），积分区域看成两种类型都可以.

解1　将积分区域 D 视为 X – 型的，可以表示为 $D=\{(x,y)\,|\,1\leqslant y\leqslant x,\ 1\leqslant x\leqslant 2\}$，于是

$$\iint\limits_{D} xy\mathrm{d}\sigma = \int_1^2 \left[\int_1^x xy\mathrm{d}y\right]\mathrm{d}x = \int_1^2 \left[x\cdot\frac{y^2}{2}\right]_1^x \mathrm{d}x$$

$$= \int_1^2 \left(\frac{x^3}{2}-\frac{x}{2}\right)\mathrm{d}x = \left[\frac{x^4}{8}-\frac{x^2}{4}\right]_1^2 = \frac{9}{8}.$$

解2　将积分区域 D 是视为 Y – 型的，可以表示为 $D=\{(x,y)\,|\,y\leqslant x\leqslant 2,\ 1\leqslant y\leqslant 2\}$，于是

$$\iint\limits_{D} xy\mathrm{d}\sigma = \int_1^2 \left[\int_y^2 xy\mathrm{d}x\right]\mathrm{d}y = \int_1^2 \left[y\cdot\frac{x^2}{2}\right]_y^2 \mathrm{d}y$$

$$= \int_1^2 \left(2y-\frac{y^3}{2}\right)\mathrm{d}y = \left[y^2-\frac{y^4}{8}\right]_1^2 = \frac{9}{8}.$$

2. 交换二重积分的次序（请同学们自己举出例子）

3. 计算立体的体积或平面薄片的质量

设平面薄片占据的闭区域 D 由直线 $x+y=3$，$y=x-1$ 与 x 轴所围成，它的面密度 $\mu(x,y)=x^2+y^2$，求该薄片的质量.

解　根据二重积分的物理意义，薄片的质量就是其面密度函数在闭区域 D 上的二重积分 $M = \iint\limits_{D}(x^2+y^2)\,\mathrm{d}\sigma$.

画出 D 的图示，将 D 视为 Y – 型的，可以表示为 $D=\{(x,y)\,|\,y+1\leqslant x\leqslant 3-y,\ 0\leqslant y\leqslant 1\}$.

于是

$$M = \iint\limits_{D}(x^2+y^2)\,\mathrm{d}\sigma = \int_0^1 \mathrm{d}y\int_{y+1}^{3-y}(x^2+y^2)\,\mathrm{d}x$$

$$= -\frac{8}{3}\int_0^1 y^3\mathrm{d}y + 4\int_0^1 y^2\mathrm{d}y - 10\int_0^1 y\mathrm{d}y + \frac{26}{3}$$

$$= -\frac{2}{3}+\frac{4}{3}-5+\frac{26}{3}$$

$$= \frac{13}{3}.$$

4. 利用积分区域的对称性或被积函数的奇偶性计算二重积分

$$\iint\limits_{D}(\,|\,x\,|+|\,y\,|\,)\mathrm{d}\sigma,\ D=|\,x\,|+|\,y\,|\leqslant1.$$

解　由于被积函数关于 x,y 对称，关于积分区域对称．可设

$$D_1=\{(x,y)\,|\,x\geqslant0,y\geqslant0,x+y\leqslant1\}.$$

于是

$$\iint\limits_{D}(\,|\,x\,|+|\,y\,|\,)\mathrm{d}\sigma=2\iint\limits_{D}|\,x\,|\,\mathrm{d}\sigma=8\iint\limits_{D_1}|\,x\,|\,\mathrm{d}\sigma=8\int_0^1\mathrm{d}x\int_0^{1-x}x\mathrm{d}y$$

$$=8\int_0^1(\,-x^2+x)\,\mathrm{d}x=\frac{4}{3}.$$

【收获与认识】

第三节　二重积分的计算法【学案2】

【学习目标】

1. 掌握极坐标系的相关知识，能复述出极点、极轴、极径、极角的含义，并能画出简图表示．

2. 能用极坐标表示平面上的点和平面上的图形．

3. 熟练将点和平面图形在极坐标和直角坐标系之间进行转换．

4. 能将平面区域用极坐标表示，并写出上下限．

5. 能将直角坐标形式的二重积分和极坐标系形式的二重积分进行变换．

6. 能根据积分区域的特点选择恰当的积分形式，将极坐标下的二重积分转化为累次积分并计算结果．

【重、难点】极坐标下二重积分的计算．平面区域的极坐标表示．

【补充知识】

1. 极坐标系的概念

2. 极坐标与直角坐标的转化公式

$$(1)\begin{cases}x=\rho\cos\theta,\\y=\rho\sin\theta.\end{cases}\quad 或\quad(2)\begin{cases}\tan\theta=\dfrac{y}{x},\\\rho^2=x^2+y^2.\end{cases}$$

3. 特殊的直线方程、曲线方程及求法

从极点出发的射线方程：$\theta=\dfrac{\pi}{3}$．

直线 $y=\sqrt{3}x:\theta=\dfrac{\pi}{3},\theta=\dfrac{4\pi}{3}$．

直线 $x = a(a > 0)$：$\rho\cos\theta = a$.

直线 $y = a(a > 0)$：$\rho\sin\theta = a$.

圆 $x^2 + y^2 = 9$：$\rho = 3$.

圆 $(x - a)^2 + y^2 = a^2$：$\rho = 2a\cos\theta$.

圆 $x^2 + (y - a)^2 = a^2$：$\rho = 2a\sin\theta$.

已知直角坐标方程求极坐标方程的方法：

方法 1　直接推导.

方法 2　将公式 1 代入直角坐标方程，变形得极坐标方程.

4. 扇形的面积公式

$$S = \frac{1}{2}r^2\theta.$$

【数学思考】

　　问题 1　积分定义中的面积元素 $d\sigma = dxdy$ 如何转化为极坐标系下的面积元素？

　　问题 2　如果确定极坐标积分的上、下限？

　　问题 3　积分区域或被积函数有怎样的特点时，采用极坐标积分比较方便？

【归纳总结】

　　1. 极坐标中的面积元素

$$d\sigma = rdrd\theta.$$

$$\Delta\sigma_i = \frac{1}{2}(r_i + \Delta r_i)^2\Delta\theta_i - \frac{1}{2}r_i^2\Delta\theta_i$$

$$= \frac{r_i + (r_i + \Delta r_i)}{2}\Delta r_i\Delta\theta_i = \bar{r}_i\Delta r_i\Delta\theta_i.$$

上式取 $\Delta r_i \to 0$，$\Delta\theta_i \to 0$，推出 $d\sigma = rdrd\theta$.

　　2. 用极坐标系计算二重积分

$$\iint\limits_{D} f(x,y)\,d\sigma = \iint\limits_{D'} f(r\cos\theta, r\sin\theta)\,rdrd\theta.$$

其中：$D = \{(x,y) \mid x = r\cos\theta,\ y = r\sin\theta,\ (r,\theta) \in D'\}$

$\qquad = \{(r,\theta) \mid \theta_1 \leqslant \theta \leqslant \theta_2,\ r_1(\theta) \leqslant r \leqslant r_2(\theta)\}$.

　　证明　$\displaystyle\iint\limits_{D} f(x,y)\,d\sigma = \lim_{\lambda\to 0}\sum_{i=1}^{n} f(\xi_i, \eta_i)\Delta\sigma_i$

$$= \lim_{\lambda'\to 0}\sum_{i=1}^{n} f(r_i\cos\theta_i, r_i\sin\theta_i)\bar{r}_i\Delta r_i\Delta\theta_i = \iint\limits_{D'} f(r\cos\theta, r\sin\theta)rdrd\theta.$$

　　3. 用二次累次积分公式计算二重积分

　　(1) 若 $D' = \{(\theta,r) \mid \phi_1(\theta) \leqslant r \leqslant \phi_2(\theta),\ \alpha \leqslant \theta \leqslant \beta\}$（极点在外的极扇环），则

$$\iint\limits_{D'} f(r\cos\theta,\ r\sin\theta)rdrd\theta = \int_{\alpha}^{\beta} d\theta \int_{\phi_1(\theta)}^{\phi_2(\theta)} f(r\cos\theta,\ r\sin\theta)rdr.$$

　　(2) 若 $D' = \{(\theta,r) \mid 0 \leqslant r \leqslant \phi(\theta),\ \alpha \leqslant \theta \leqslant \beta\}$（极点在边界上的极扇形），则

$$\iint\limits_{D'} f(r\cos\theta, r\sin\theta) r\mathrm{d}r\mathrm{d}\theta = \int_\alpha^\beta \mathrm{d}\theta \int_0^{\phi(\theta)} f(r\cos\theta, r\sin\theta) r\mathrm{d}r.$$

（3）若 $D' = \{(\theta,r) \mid 0 \leq r \leq \phi(\theta), 0 \leq \theta \leq 2\pi\}$ （极点在内部的极扇形），则

$$\iint\limits_{D'} f(r\cos\theta, r\sin\theta) r\mathrm{d}r\mathrm{d}\theta = \int_0^{2\pi} \mathrm{d}\theta \int_0^{\phi(\theta)} f(r\cos\theta, r\sin\theta) r\mathrm{d}r.$$

【方法与题型】

1. 用极坐标计算二重积分

$$\iint\limits_{D} \ln(1 + x^2 + y^2)\mathrm{d}\sigma, D = \{(x,y) \mid x \geq 0, y \geq 0, x^2 + y^2 \leq 1\}.$$

解　采用极坐标变换，积分区域可以表示为

$$D: 0 \leq r \leq 1, 0 \leq \theta \leq \frac{\pi}{2}.$$

于是

$$\iint\limits_{D} \ln(1 + x^2 + y^2)\mathrm{d}\sigma$$

$$= \int_0^{\frac{\pi}{2}} \mathrm{d}\theta \int_0^1 \ln(1 + r^2) \cdot r\mathrm{d}r = \frac{1}{2} \int_0^{\frac{\pi}{2}} \mathrm{d}\theta \int_0^1 \ln(1 + r^2)\mathrm{d}(r^2)$$

$$= \frac{\pi}{4} \left[\ln(1 + r^2) \cdot r^2 \right]_0^1 - \frac{\pi}{4} \int_0^1 \frac{2r^3}{1 + r^2}\mathrm{d}r$$

$$= \frac{\pi}{4}\ln2 - \frac{\pi}{4} \int_0^1 \left[2r - \frac{2r}{1 + r^2} \right]\mathrm{d}r = \frac{\pi}{4}\ln2 - \frac{\pi}{4}(1 - \ln2)$$

$$= \frac{\pi}{4}(2\ln2 - 1).$$

2. **计算平面图形的面积**

求由双纽线 $(x^2 + y^2)^2 = 2a^2(x^2 - y^2)(a > 0)$ 所围成图形的面积.

解　采用极坐标变换，双纽线的方程为 $\rho^2 = 2a^2\cos2\theta$，其在第一象限部分 D_1：$0 \leq \rho \leq \sqrt{2}a \sqrt{\cos2\theta}, 0 \leq \theta \leq \frac{\pi}{3}.$

于是

$$S = 4\iint\limits_{D_1} \mathrm{d}x\mathrm{d}y = 4 \int_0^{\frac{\pi}{3}} \mathrm{d}\theta \int_0^{a\sqrt{2\cos2\theta}} \rho\mathrm{d}\rho$$

$$= 2 \int_0^{\frac{\pi}{3}} \rho^2 \Big|_0^{a\sqrt{2\cos2\theta}} \mathrm{d}\theta$$

$$= 4a^2 \int_0^{\frac{\pi}{3}} \cos2\theta\mathrm{d}\theta$$

$$= \sqrt{3}a^2.$$

【收获与认识】

第四节 二重积分的应用【学案】

【学习目标】

1. 掌握二重积分的元素法.

2. 能用二重积分的元素法推导出曲面面积公式，求一些曲面的面积.

3. 能用元素法导出质心公式，求出已知面密度函数的平面薄片的质心.

4. 能用元素法导出转动惯量公式，求出已知面密度函数的平面薄片对于 x, y 轴的转动惯量.

【重、难点】用二重积分求几何量、物理量. 领悟元素法的实质.

【学习准备】

复习所学元素法，复习曲面的切平面与法线. 课前适当阅读、回顾、思考与解答，为课堂学习打下基础.

【补充知识】

1. 平面质点系重心坐标公式

设在 xOy 平面上有 n 个质点，它们分别位于点 $(x_1, y_1), (x_2, y_2), \cdots, (x_n, y_n)$ 处，质量分别为 $m_1, m_2, \cdots, m_n$. 由力学知识知道，该质点系的质心的坐标为

$$\bar{x} = \frac{M_y}{M} = \frac{\sum_{i=1}^{n} m_i x_i}{\sum_{i=1}^{n} m_i}, \ \bar{y} = \frac{M_x}{M} = \frac{\sum_{i=1}^{n} m_i y_i}{\sum_{i=1}^{n} m_i},$$

其中，$M = \sum_{i=1}^{n} m_i$ 为该质点系的总质量，

$$M_y = \sum_{i=1}^{n} m_i x_i, \ M_x = \sum_{i=1}^{n} m_i y_i,$$

分别为该质点系对 y 轴和 x 轴的静矩.

2. 平面质点系对于直线 l 的转动惯量公式

$$I_l = \sum_{i=1}^{n} d_i^2 m_i.$$

其中，$d_i(i = 1, 2, \cdots, n)$ 为点 (x_i, y_i) 到直线 l 的距离.

【数学思考】

问题 1 你如何将区间上应用的元素法推广到平面区域上来?

　　问题 2　我们所学的面积、体积、质量等几何与物理量都具有可加性，你还能举出哪些量也具有可加性？

　　问题 3　曲面 $z = f(x, y)$ 上某点 (x, y, z) 处的法向量为 ＿＿＿＿＿＿＿＿＿＿＿＿＿＿ .

　　问题 4　曲面 $z = f(x, y)$ 上某点 (x, y, z) 处切平面上图形的面积与其在 xOy 面上投影图形的面积之间有什么关系？

　　问题 5　在 xOy 面上投影图形为 $\mathrm{d}\sigma$，对应曲面上图形的面积的近似值是多少？

　　问题 6　根据质系的质心坐标公式，你能用元素法得到平面薄片的质心坐标公式吗？

　　问题 7　根据质点系相对于直线的转动惯量公式，你能用元素法得到平面薄片相对于坐标轴的转动惯量公式吗？

【归纳总结】

　　1. 二重积分的元素法

　　如果所要计算的某个量 U 对于闭区域 D 具有可加性，并且在闭区域 D 内任意取定直径很小的闭区域 $\mathrm{d}\sigma$（这小闭区域的面积也记作 $\mathrm{d}\sigma$，(x, y) 是这小闭区域上的一个点）时. 相应的部分量可以近似地表示为 $f(x, y)\mathrm{d}\sigma$，其中 $f(x, y)$ 在 D 上连续，那么 $f(x, y)\mathrm{d}\sigma$ 就是所求量 U 的元素，记为 $\mathrm{d}U$，以此作为被积表达式，在闭区域 D 上的二重积分 $\iint\limits_{D} f(x, y)\mathrm{d}\sigma$ 就是所求的量 U.

　　2. 曲面的面积公式

　　（1）曲面 $z = f(x, y)$，在 xOy 面上的投影区域为 D_{xy}.

　　＿＿＿＿＿＿＿＿＿＿＿＿＿＿＿＿＿＿＿＿＿＿＿＿＿＿ .

　　（2）曲面 $y = g(x, z)$，在 xOz 面上的投影区域为 D_{xz}.

　　＿＿＿＿＿＿＿＿＿＿＿＿＿＿＿＿＿＿＿＿＿＿＿＿＿＿ .

　　（3）曲面 $x = h(y, z)$，在 yOz 面上的投影区域为 D_{yz}.

　　＿＿＿＿＿＿＿＿＿＿＿＿＿＿＿＿＿＿＿＿＿＿＿＿＿＿ .

　　曲面向平面投影要保持点之间的一一对应.

　　3. 平面薄片的质心

　　（1）平面薄片在 xOy 面上占有闭区域 D，在点 (x, y) 处的面密度为 $\mu(x, y)$，连续. 于是

$$M_y = \iint\limits_{D} x\mu(x, y)\mathrm{d}\sigma, \ M_x = \iint\limits_{D} y\mu(x, y)\mathrm{d}\sigma, \ M = \iint\limits_{D} \mu(x, y)\mathrm{d}\sigma.$$

薄片的质心的坐标为

$$\overline{x} = \frac{M_y}{M} = \frac{\iint\limits_{D} x\mu(x, y)\mathrm{d}\sigma}{\iint\limits_{D} \mu(x, y)\mathrm{d}\sigma}, \ \overline{y} = \frac{M_x}{M} = \frac{\iint\limits_{D} y\mu(x, y)\mathrm{d}\sigma}{\iint\limits_{D} \mu(x, y)\mathrm{d}\sigma}.$$

（2）均匀薄片的质心的坐标为

$$\bar{x} = \frac{1}{A} \iint\limits_{D} x \mathrm{d}\sigma, \quad \bar{y} = \frac{1}{A} \iint\limits_{D} y \mathrm{d}\sigma,$$

其中，$A = \iint\limits_{D} \mathrm{d}\sigma$ 为闭区域 D 的面积．这时薄片的质心完全由闭区域 D 的形状所决定．我们把均匀平面薄片的质心称为这平面薄片所占的平面图形的形心．

4. 平面薄片的转动惯量

（1）对于 xy 面上的定直线 l

$$I_l = \iint\limits_{D} d^2(x, y) \mu(x, y) \mathrm{d}\sigma.$$

（2）对于 x 轴

（3）对于 y 轴

【方法与题型】

1. 求曲面的面积

求上半球面 $z = \sqrt{a^2 - x^2 - y^2}$ 含在圆柱面 $x^2 + y^2 = ax$ 内部的那部分曲面的面积．

解 所求曲面在 xOy 面上的投影区域为

$$D_{xy} = \left\{ (x, y) \mid \left(x - \frac{1}{2}a \right)^2 + y^2 \leqslant \frac{a^2}{4} \right\}.$$

又

$$\frac{\partial z}{\partial x} = -\frac{x}{\sqrt{a^2 - x^2 - y^2}}, \quad \frac{\partial z}{\partial y} = -\frac{y}{\sqrt{a^2 - x^2 - y^2}}.$$

根据曲面面积计算公式和积分区域与被积函数的对称性，利用极坐标变换，所求部分的面积为

$$S = a \iint\limits_{D_{xy}} \frac{1}{\sqrt{a^2 - x^2 - y^2}} \mathrm{d}x\mathrm{d}y = 2a \int_{\frac{\pi}{2}}^{\pi} \mathrm{d}\theta \int_0^{-a\cos\theta} \frac{r}{\sqrt{a^2 - r^2}} \mathrm{d}r$$

$$= 2a \int_{\frac{\pi}{2}}^{\pi} \left[\sqrt{a^2 - r^2} \right]_{-a\cos\theta}^0 \mathrm{d}\theta$$

$$= 2a^2 \int_{\frac{\pi}{2}}^{\pi} (1 - \sin\theta) \mathrm{d}\theta = (\pi - 2) a^2.$$

2. 求平面薄片的质心

两圆 $\rho = 2\sin\theta$ 和 $\rho = 4\sin\theta$ 之间的均匀薄片的质心．

解 因为闭区域 D 对称于 y 轴，所以质心 $C(\bar{x}, \bar{y})$ 必位于 y 轴上，于是 $\bar{x} = 0$，再根据公式

$$\bar{y} = \frac{1}{A} \iint\limits_{D} y \mathrm{d}\sigma,$$

计算 $\bar{y}$. 由于闭区域 D 位于半径为 1 与半径为 2 的两圆之间，所以它的面积等于这两个圆的面积之差，即 $A = 3\pi$. 再利用极坐标计算积分

$$\iint_D y \mathrm{d}\sigma = \iint_D \rho^2 \sin\theta \rho \mathrm{d}\rho \mathrm{d}\theta = \int_0^\pi \sin\theta \mathrm{d}\theta \int_{2\sin\theta}^{4\sin\theta} \rho^2 \mathrm{d}\rho$$

$$= \frac{56}{3} \int_0^\pi \sin^4\theta \mathrm{d}\theta = 7\pi.$$

因此

$$\bar{y} = \frac{7\pi}{3\pi} = \frac{7}{3},$$

所求质心是 $C\left(0, \dfrac{7}{3}\right)$.

3. 求平面薄片的转动惯量

设均匀薄片面密度为 μ，占据的闭区域 $D = \{(x, y) \mid 0 \leqslant x \leqslant a, 0 \leqslant y \leqslant b\}$，求 I_x，I_y，I_l，其中 l 是过原点与点 (a, b) 的长方形的对角线.

解　根据转动惯量的计算公式

$$I_x = \iint_D y^2 \mu \mathrm{d}\sigma = \mu \int_0^a \mathrm{d}x \int_0^b y^2 \mathrm{d}y = \frac{1}{3} a b^3 \mu,$$

$$I_y = \iint_D x^2 \mu \mathrm{d}\sigma = \mu \int_0^a x^2 \mathrm{d}x \int_0^b \mathrm{d}y = \frac{1}{3} a^3 b \mu,$$

$$I_l = \mu \iint_D d^2(x, y) \mathrm{d}\sigma = \mu \int_0^a \mathrm{d}x \int_0^b \frac{\mid bx - ay \mid}{\sqrt{a^2 + b^2}} \mathrm{d}y$$

$$= \frac{2\mu}{\sqrt{a^2 + b^2}} \int_0^a \mathrm{d}x \int_0^{\frac{b}{a}x} (bx - ay) \mathrm{d}y$$

$$= \frac{\mu b^2}{a \sqrt{a^2 + b^2}} \int_0^a x^2 \mathrm{d}x$$

$$= \frac{\mu a^2 b^2}{3 \sqrt{a^2 + b^2}}.$$

【收获与认识】

第五节　三重积分【学案】

【学习目标】

1. 理解三重积分的概念，掌握三重积分的性质.
2. 会用直角坐标和柱面坐标计算三重积分.

3. 了解三重积分在物理学中的应用.

4. 对积分的概念和元素法有深入的认识.

【重、难点】 三重积分的计算. 适当选择积分次序计算三重积分.

【学习准备】

　　复习二重积分的概念和性质、元素法.

　　课前适当阅读、回顾、思考与解答，为课堂学习打下基础.

【数学思考】

　　问题1　类比、模仿二重积分的定义，如何定义三重积分？

　　问题2　类比二重积分的性质，你能得到三重积分的哪些性质？

　　问题3　类比二重积分求解的化归思路，怎样来求三重积分？

　　问题4　用先一后二法求三重积分，关键是找好三次积分的上下限，你如何确定各个变量积分的上下限？

　　问题5　用先二后一法求三重积分和前面的知识有什么联系？

　　问题6　柱面坐标变换的公式与极坐标变换公式有什么联系？

　　问题7　积分区域具备什么样的特点或被积函数具有什么特点时，采用柱面坐标积分比较方便？

　　问题8　类比、模仿二重积分的应用，如何求空间几何体的质心坐标、转动惯量，你能写出其计算公式吗？

　　问题9　具备什么条件的函数在空间有界闭域上的三重积分必定存在？

【归纳总结】

　1. 三重积分的概念

　2. 三重积分的性质

　（1）线性性

　（2）区域可加性

　（3）被积函数为1时的三重积分 _____.

　（4）单调性

　　　估值公式

　（5）三重积分中值定理

　3. 三重积分的计算

　（1）直角坐标

① 先一后二　若积分区域$\Omega: z_1(x,y) \leqslant z \leqslant z_2(x,y), (x,y) \in D_{xy}$，则

$$\iiint\limits_{\Omega} f(x,y,z)\, dV = \iint\limits_{D_{xy}} dxdy \int_{z_1(x,y)}^{z_2(x,y)} f(x,y,z)\, dz.$$

② 先二后一　若积分区域$\Omega: z_1 \leqslant z \leqslant z_2, (x,y) \in D_z$，则

$$\iiint\limits_{\Omega} f(x,y,z)\, dV = \int_{z_1}^{z_2} dz \iint\limits_{D_z} f(x,y,z)\, dxdy.$$

（2）柱面坐标　积分区域 Ω: $z_1(\rho,\theta)\leqslant z\leqslant z_2(\rho,\theta)$, $\rho_1(\theta)\leqslant\rho\leqslant\rho_2(\theta)$, $\alpha\leqslant\theta\leqslant\beta$, 则

$$\iiint\limits_{\Omega}f(x,y,z)\,\mathrm{d}V = \underline{\hspace{6cm}}.$$

4. 求相关物理量

（1）质心坐标公式

空间几何体占有空间闭区域 Ω, 在点 (x,y,z) 处的面密度为 $\mu(x,y,z)$, 连续. 于是几何体质心的坐标为

$$\overline{x} = \dfrac{\iiint\limits_{\Omega}x\mu(x,y,z)\,\mathrm{d}V}{\iiint\limits_{\Omega}\mu(x,y,z)\,\mathrm{d}V}, \ \overline{y} = \underline{\hspace{3cm}}, \ \overline{z} = \underline{\hspace{3cm}}$$

均匀几何体质心的坐标为

$$\overline{x} = \underline{\hspace{3cm}}, \ \overline{y} = \underline{\hspace{3cm}}, \ \overline{z} = \underline{\hspace{3cm}}.$$

我们把均匀几何体的质心称为这个几何体所占的空间图形的 _____.

（2）空间几何体的转动惯量

① 对于定直线 l

$$I_l = \iiint\limits_{\Omega}d^2(x,y,z)\mu(x,y,z)\,\mathrm{d}V.$$

② 对于 x 轴

$$\underline{\hspace{6cm}}$$

③ 对于 y 轴

$$\underline{\hspace{6cm}}$$

④ 对于 z 轴

$$\underline{\hspace{6cm}}$$

【方法与题型】请同学们各举一例.

1. 直角坐标系下计算三重积分

2. 柱面坐标系下计算三重积分

3. 求空间几何体的质心、转动惯量

【收获与认识】

第六节　曲线积分【学案1】

【学习目标】

1. 理解对弧长的曲线积分的概念.

2. 掌握对弧长的曲线积分的性质.

3. 掌握对弧长的曲线积分的计算方法.

4. 能够用对弧长的曲线积分求解一些物理量：曲线形构件的质量、质心、转动惯量.

5. 对积分的思想方法有更丰富的认识.

【重、难点】对弧长的曲线积分的计算.

【学习准备】

本节是第四次应用积分的概念和方法. 复习积分的概念和性质，二重积分与三重积分的应用.

课前适当阅读、回顾、思考与解答，为课堂学习打下基础.

【数学思考】

问题1　如何求线密度变化的曲线形构件的质量？

问题2　类比定积分、二重积分、三重积分的定义，如何定义对弧长的曲线积分？

问题3　对弧长的曲线积分对积分弧段和被积函数有什么要求？

问题4　可以猜想对弧长的曲线积分有什么性质？

问题5　根据弧微分公式，对弧长的曲线积分怎样计算？

问题6　被积函数和积分弧段具有什么特点时，我们采用极坐标变换进行计算？

问题7　怎样计算曲线形构建的质心和转动惯量？

问题8　对弧长的曲线积分对积分的上下限有什么要求？

【归纳总结】

1. 对弧长的曲线积分的概念

2. 对弧长的曲线积分的性质

（1）线性性

（2）弧段可加性

（3）被积函数为 1 时，对弧长的曲线积分 _____.

（4）无方向性 $\int_L f(x,y)\,\mathrm{d}s = \int_{L-} f(x,y)\,\mathrm{d}s.$

（5）单调性

3. 对弧长的曲线积分的计算

（1）积分弧段 L 的参数方程

$$\begin{cases} x = \phi(t), \\ y = \psi(t), \end{cases} \alpha \leqslant t \leqslant \beta,$$

则

$$\int_L f(x,y)\,\mathrm{d}s = \underline{\hspace{5cm}}.$$

（2）积分弧段 L 的方程

$$\begin{cases} x = x, \\ y = \psi(x), \end{cases} a \leqslant x \leqslant b,$$

则

$$\int_L f(x,y)\,\mathrm{d}s = \underline{\hspace{5cm}}.$$

（3）积分弧段 L 的方程

$$\begin{cases} x = \phi(y), \\ y = y, \end{cases} a \leqslant y \leqslant b,$$

则

$$\int_L f(x,y)\,\mathrm{d}s = \underline{\hspace{5cm}}.$$

4. 积分弧段 L 的极坐标方程

$$\rho = \rho(\theta), \quad \alpha \leqslant \theta \leqslant \beta,$$

则

$$\int_L f(x,y)\,\mathrm{d}s = \underline{\hspace{6cm}}.$$

注意：函数是定义在曲线上的函数，在曲线外没有定义.

5. 空间曲线 L 的参数方程

$$\begin{cases} x = \phi(t), \\ y = \psi(t), \alpha \leqslant t \leqslant \beta, \\ z = \omega(t), \end{cases}$$

则

$$\int_L f(x,y,z)\,\mathrm{d}s = \underline{\hspace{6cm}}.$$

6. 求 xOy 面上曲线形构件的相关物理量

（1）质心坐标公式

L 上在点 (x,y) 处的面密度为 $\mu(x,y)$，连续. 于是曲线形构件质心的坐标为

$$\overline{x} = \frac{\int_L x\mu(x,y)\,\mathrm{d}s}{\int_L \mu(x,y)\,\mathrm{d}s}, \quad \overline{y} = \underline{\qquad\qquad\qquad}$$

均匀曲线形构件的质心坐标为

$$\overline{x} = \underline{\qquad\qquad}, \quad \overline{y} = \underline{\qquad\qquad}.$$

（2）转动惯量

① 对于定直线 l

$$I_l = \int_L d^2(x,y)\mu(x,y)\,\mathrm{d}s.$$

② 对于 x 轴

$$\underline{\qquad\qquad\qquad\qquad}$$

③ 对于 y 轴

$$\underline{\qquad\qquad\qquad\qquad}$$

【方法与题型】请同学们各举一例.

1. 对弧长的曲线积分的计算

计算曲线积分 $\int_L (x^2 + y^2)\,\mathrm{d}s$，$L$ 为单位圆的上半个圆周.

解　方法一　L 的参数方程为

$$\begin{cases} x = \cos\theta, \\ y = \sin\theta, \end{cases} 0 \leqslant \theta \leqslant \pi.$$

于是

$$\int_L (x^2 + y^2)\,\mathrm{d}s = \int_0^\pi \sqrt{\sin^2\theta + \cos^2\theta}\,\mathrm{d}\theta = \pi.$$

解　方法二　因为在单位圆上 $x^2 + y^2 = 1$，于是

$$\int_L (x^2 + y^2)\,\mathrm{d}s = \int_L \mathrm{d}s = \pi.$$

2. 对弧长的曲线积分的应用

设曲线 L：$x^{\frac{2}{3}} + y^{\frac{2}{3}} = 1$ 在第一象限内一段的质心坐标和对 x 轴的转动惯量（曲线质量均匀）.

解　设曲线 L 的参数方程为

$$\begin{cases} x = \cos^3\theta, \\ y = \sin^3\theta, \end{cases} 0 \leqslant \theta \leqslant \frac{\pi}{2}.$$

根据质心坐标公式

$$\overline{x} = \frac{\int_L x\mu\,\mathrm{d}s}{\int_L \mu\,\mathrm{d}s} = \frac{\int_0^{\frac{\pi}{2}} \cos^4\theta\sin\theta\,\mathrm{d}\theta}{\int_0^{\frac{\pi}{2}} \cos\theta\sin\theta\,\mathrm{d}\theta} = \frac{\left[\dfrac{1}{5}\cos^5\theta\right]_0^{\frac{\pi}{2}}}{\left[\dfrac{1}{2}\cos^2\theta\right]_0^{\frac{\pi}{2}}} = \frac{2}{5},$$

同理可解得 $\bar{y} = \dfrac{2}{5}$.

所以所求曲线的质心坐标为 $\left(\dfrac{2}{5}, \dfrac{2}{5} \right)$.

根据转动惯量公式

$$I_x = \int_L y^2 \mathrm{d}s = 3 \int_0^{\frac{\pi}{2}} \sin^7 \theta \cos\theta \, \mathrm{d}\theta = \frac{3}{8}.$$

【收获与认识】

第七节　曲线积分【学案 2】

【学习目标】

1. 理解对坐标的曲线积分的概念.

2. 掌握对坐标的曲线积分的性质.

3. 掌握对坐标的曲线积分的计算方法.

4. 能够用对坐标的曲线积分求解一些物理量.

5. 对积分的思想方法有更丰富的认识.

【重、难点】对坐标的曲线积分的计算.

【学习准备】

本课时练习应用积分的概念和方法. 复习积分的概念和性质、对弧长的曲线积分.

课前适当阅读、回顾、思考与解答，为课堂学习打下基础.

【数学思考】

问题 1　如何求变力沿曲线做的功？

问题 2　类比对弧长的曲线积分，定义对坐标的曲线积分？（此积分具有一定的新意）

问题 3　对坐标的曲线积分对积分弧段和被积函数有什么要求？

问题 4　可以猜想对坐标的曲线积分有什么性质？

问题 5　对坐标的曲线积分怎样计算？

问题 6　被积函数和积分弧段具有什么特点时，我们可以采用极坐标变换进行计算？

问题 7　对坐标的曲线积分对积分的上下限有什么要求？

问题 8　如果弧段的起点与终点相同，你发现对坐标的曲线积分有什么规律？

【归纳总结】

1. 对坐标的曲线积分的概念

2. 对坐标的曲线积分的性质

（1）线性性

（2）弧段可加性

（3）有方向性 $\int_{L} f(x,y)\,\mathrm{d}s = -\int_{L^{-}} f(x,y)\,\mathrm{d}s.$

3. 对坐标的曲线积分的计算

（1）积分弧段 L 的参数方程

$$\begin{cases} x = \phi(t), \\ y = \psi(t), \end{cases} \alpha \leqslant t \leqslant \beta,$$

则

$$\int_{L} P(x,y)\,\mathrm{d}x + Q(x,y)\,\mathrm{d}y = \underline{\hspace{5cm}}.$$

注意积分上下限问题.

（2）积分弧段 L 的方程

$$\begin{cases} x = x, \\ y = \psi(x), \end{cases} a \leqslant x \leqslant b,$$

则

$$\int_{L} P(x,y)\,\mathrm{d}x + Q(x,y)\,\mathrm{d}y = \underline{\hspace{5cm}}.$$

（3）积分弧段 L 的方程

$$\begin{cases} x = \phi(y), \\ y = y, \end{cases} a \leqslant y \leqslant b,$$

则

$$\int_{L} P(x,y)\,\mathrm{d}x + Q(x,y)\,\mathrm{d}y = \underline{\hspace{5cm}}.$$

注意：函数是定义在曲线上的函数，在曲线外没有定义.

4. 空间曲线 L 的参数方程

$$\begin{cases} x = \phi(t), \\ y = \psi(t), \\ z = \omega(t), \end{cases} \alpha \leqslant t \leqslant \beta,$$

则

$$\int_{L} P(x,y,z)\,\mathrm{d}x + Q(x,y,z)\,\mathrm{d}y + R(x,y,z)\,\mathrm{d}z = \underline{\hspace{5cm}}.$$

5. 变力沿直线做功

$$W = \int_{L} \boldsymbol{F} \cdot \mathrm{d}s = \underline{\hspace{5cm}}.$$

6. 两类积分之间的关系

$$\int_L P\mathrm{d}x + Q\mathrm{d}y = \int_L (P\cos\alpha + Q\cos\beta)\,\mathrm{d}s.$$

其中，$\cos\alpha,\cos\beta$ 为曲线上点 (x,y) 处切向量的方向余弦.

【方法与题型】请同学们各举一例.

　　1. 对坐标的曲线积分的计算

　　2. 计算变力沿曲线做功

【收获与认识】

第八节　格林公式及其应用【学案】

【学习目标】

　　1. 根据格林公式猜想曲线积分与路径无关的条件.

　　2. 掌握曲线积分与路径无关的等价条件.

　　3. 应用积分与路径的无关性计算曲线积分.

　　4. 会利用函数的全微分求原函数.

　　5. 与一元函数的变限积分类比，感悟数学的规律性.

【重、难点】平面上曲线积分与路径无关的等价条件. 应用积分与路径的无关性计算曲线积分.

【学习准备】

　　复习对坐标的曲线积分.

　　课前适当阅读、回顾、思考与解答，为课堂学习打下基础.

【补充知识】

　　1. 平面区域的连通性.

　　(1) 单连通区域：D 内任一闭曲线所围的部分都属于 D. 例如

$$D_1 = \{(x,y)\,|\,y>0\},\ D_2 = \{(x,y)\,|\,x^2 + y^2 \leqslant 4\}.$$

　　(2) 复连通区域：区域内有"洞". 例如

$$D_1 = \{(x,y)\,|\,y>0, x\neq 0\},\ D_2 = \{(x,y)\,|\,1 < x^2 + y^2 < 4\}.$$

　　2. 平面区域的边界 L.

【数学思考】

　　问题1　观察格林公式的形式，P 是一个函数，Q 是另一个函数，两个函数之间没有关系，我们怎么证明这个定理？

　　问题2　积分区域有简单有复杂，我们先证单连通的再证复连通的，单连通的区域先证能确定类型的，由简到繁，采用了什么数学思想方法？

问题3　$\int \dfrac{\partial P}{\partial y}\mathrm{d}y$ 的不定积分是什么?

问题4　不是 X – 型的积分区域, 通过添加辅助边界, 将其分割成多个 X – 型的积分区域, 对于二重积分具有可加性; 而对于添加边界, 由于曲线积分具有方向性, 又恰好抵消. 对于复连通的区域同样可以通过添加边界曲线, 变为单连通区域, 而曲线积分具有反向性, 又恰好抵消. 数学多么奇妙!

问题5　由格林公式, 我们得到怎样一个利用曲线积分求区域面积的公式?

问题6　由格林公式, 一个积分比较难求时, 我们可以用另一个积分来求, 这体现了什么数学思想方法? 再者也体现了平面区域上的二重积分与其边界上的曲线积分之间的必然联系.

问题7　在格林公式中, 如果 $\dfrac{\partial Q}{\partial x} - \dfrac{\partial P}{\partial y} = 0$, 会出现什么结论?

问题8　观察 $P\mathrm{d}x + Q\mathrm{d}y$, 你会联想到什么概念?

【归纳总结】

1. 格林公式

设闭区域 D 由光滑或分段光滑的曲线 L 围成, 函数 $P(x,y)$, $Q(x,y)$ 在 D 上具有连续偏导数, 则有

$$\iint\limits_{D}(\qquad)\mathrm{d}x\mathrm{d}y = \oint_{L}\quad \mathrm{d}x + \quad \mathrm{d}y.$$

2. 由边界上积分求平面图形的面积

当 $P = -y$, $Q = x$ 时, 可以求出封闭曲面的面积

$$S = \frac{1}{2}\oint_{L}x\mathrm{d}y - y\mathrm{d}x.$$

3. 四个等价命题

设 G 是平面内的一个单连通区域, 函数 $P(x,y)$, $Q = (x,y)$ 在 G 内具有连续偏导数, 则以下四个命题等价.

(1) 曲线积分 $\displaystyle\int_{L}P\mathrm{d}x + Q\mathrm{d}y$ 在 G 内与路径无关.

(2) 在 G 内, 有 $\displaystyle\oint_{L}P\mathrm{d}y + Q\mathrm{d}x = 0$.

(3) 在 G 内, 有 $\dfrac{\partial Q}{\partial x} - \dfrac{\partial P}{\partial y} = 0$.

(4) 在 G 内, 有

$$\mathrm{d}u(x,y) = P\mathrm{d}x + Q\mathrm{d}y,$$

$$u(x,y) = \int_{(x_0,y_0)}^{(x,y)} P\mathrm{d}x + Q\mathrm{d}y$$

$$= \int_{x_0}^{x} P(x,y_0)\,\mathrm{d}x + \int_{y_0}^{y} Q(x,y)\,\mathrm{d}y$$

$$= \int_{y_0}^{y} Q(x_0,y)\,\mathrm{d}y + \int_{x_0}^{x} P(x,y)\,\mathrm{d}x.$$

4. 计算 $\int_L P\mathrm{d}x + Q\mathrm{d}y$ 的一般步骤（曲线积分一般比较复杂，二重积分求了导，可能简单一些.）

(1) 判断（观察）$\dfrac{\partial Q}{\partial x} = \dfrac{\partial P}{\partial y}$ 是否成立？

(2) 若 $\dfrac{\partial Q}{\partial x} = \dfrac{\partial P}{\partial y}$，考察 L 是否是封闭曲线. 若封闭，则积分为 0；若不封闭，则用折线来求.

(3) 若 $\dfrac{\partial Q}{\partial x} \neq \dfrac{\partial P}{\partial y}$，考察 L 是否是封闭曲线. 若封闭，则用格林公式；若不封闭，用参数方程或适当补线后，采用格林公式来求.

【方法与题型】请同学们各举一例.

　　1. 利用格林公式求第二类曲线积分

　　2. 利用曲线积分求平面图形的面积

　　3. 根据曲线积分与路径无关的条件求第二类曲线积分

　　4. 验证二元函数的全微分并求原函数

【收获与认识】

第九节　曲面积分【学案】

【学习目标】

　　1. 理解对面积的曲面积分、对坐标的曲面积分的概念和性质.

　　2. 掌握对面积的曲面积分、对坐标的曲面积分的计算方法.

　　3. 能用对面积的曲面积分解决相关的几何与物理问题.

　　4. 了解两类曲面积分之间的关系.

【重、难点】两类曲面积分的概念与计算. 第二类曲面积分的计算.

【学习准备】

　　这是应用积分的定义.

　　课前适当阅读、回顾、思考与解答，为课堂学习打下基础.

【补充知识】

　　有向曲面：选定了侧的曲面为有向曲面，若 Σ 表示有向曲面，则 Σ^- 表示与 Σ 相反侧的有向曲面.

【数学思考】

　　问题 1　如何求面密度变化的曲面型构件的质量？

问题2 类比对弧长的曲线积分的定义，如何定义对面积的曲面积分？

问题3 对面积的曲面积分具有什么性质？

问题4 对面积的曲面积分对曲面和被积函数有什么要求？

问题5 如何计算对面积的曲面积分？

问题6 类比对坐标的曲线积分的定义，如何定义对坐标的曲面积分？

问题7 如何计算对坐标的曲面积分？

问题8 在用二重积分计算对坐标的曲面积分时，如何确定积分的符号？

问题9 两类曲面积分之间有什么关系？

【归纳总结】

1. 对坐标的曲面积分的概念

2. 对坐标的曲面积分的性质

(1) 可加性

(2) 线性性

(3) 被积函数为 1 时，_____ .

3. 对面积的曲面积分的计算方法

设曲面 Σ：$z = z(x,y)$，曲面 Σ 在 xOy 面上的投影（一一对应）区域为 D_{xy}，则

$$\iint\limits_{\Sigma} f(x,y,z)\,\mathrm{d}s = \iint\limits_{D_{xy}} f(x,y,z(x,y)) \sqrt{1 + \left(\frac{\partial z}{\partial x}\right)^2 + \left(\frac{\partial z}{\partial y}\right)^2}\,\mathrm{d}x\mathrm{d}y.$$

同样地，

$$\iint\limits_{\Sigma} f(x,y,z)\,\mathrm{d}s \underline{\;\Sigma:\; y = y(x,z)\;} \underline{\hspace{5cm}}.$$

$$\iint\limits_{\Sigma} f(x,y,z)\,\mathrm{d}s \underline{\hspace{7cm}}.$$

4. 对坐标的曲面积分的概念

5. 对坐标的曲面积分的性质

(1) 可加性

(2) 有方向性

6. 对坐标的曲面积分的计算（Σ 向上、右、前为正，下、左、后为负）

$$\iint\limits_{\Sigma} R\mathrm{d}x\mathrm{d}y \underline{\;\Sigma:\; z = z(x,y)\;} \pm \underline{\hspace{5cm}}.$$

$$\iint\limits_{\Sigma} Q\mathrm{d}z\mathrm{d}x \underline{\;\Sigma:\; y = y(z,x)\;} \pm \underline{\hspace{5cm}}.$$

$$\iint\limits_{\Sigma} P\mathrm{d}y\mathrm{d}z \underline{\;\Sigma:\; x = x(y,z)\;} \pm \underline{\hspace{5cm}}.$$

7. 两类曲面积分之间的关系

_____ .

【方法与题型】请同学们各举一例.

　　1. 计算对面积的曲面积分

　　2. 求曲面型构件的质量、质心和相对于坐标轴的转动惯量

　　3. 求对坐标的曲面积分

【收获与认识】

第十节　高斯公式与斯托克斯公式【学案】

【学习目标】

　　1. 掌握高斯公式，能应用高斯公式将复杂的曲面积分转换为规则几何体上的三重积分.

　　2. 掌握斯托克斯公式.

　　3. 对数学类比、转化的思想方法形成深刻的认识.

【重、难点】 高斯公式；适当地进行曲面积分与三重积分的转换.

【学习准备】

　　复习格林公式、三重积分、曲面积分.

【数学思考】

　　问题1　类比高斯公式揭示的第二类曲线积分与二重积分的关系，可以猜想第二类的曲面积分与曲线积分之间有什么关系，如何用符号形式（公式）表示出来？

　　问题2　类比格林公式从特殊到一般的证明方法，高斯公式的证明应该从什么样的几何体开始？

　　问题3　类比格林公式的证明从等式两边相同的函数开始，从部分组合成整体的方法，怎样证明高斯公式？

　　问题4　类比格林公式将二重积分转化为二次积分的技巧，这里我们怎样将三重积分化为三次积分？

　　问题5　类比高斯公式的作用，你猜想高斯公式有什么作用？

　　问题6　应用高斯公式计算简化曲面积分的计算，你认为通常是怎样的几何体？

　　问题7　类比格林公式利用曲线积分计算曲面面积的公式，用曲面积分如何计算几何体的体积？

　　问题8　格林公式局限于平面区域与平面曲线，在空间中你猜想还可能有什么样的公式？

【归纳总结】

　　1. 高斯公式

　　设空间闭区域 Ω 由光滑或分片光滑的曲面 Σ 围成，函数 $P(x,y,z)$，$Q(x,y,z)$，

$R(x,y,z)$ 在 Ω 上具有连续偏导数，则有

$$\iint\limits_{\Omega}(\qquad\qquad)\mathrm{d}x\mathrm{d}y = \oint\limits_{\Sigma}\quad\mathrm{d}y\mathrm{d}z + \quad\mathrm{d}z\mathrm{d}x + \quad\mathrm{d}x\mathrm{d}y.$$

2. 由边界上曲面积分求空间立体的体积

当 $P = \underline{\quad}$，$Q = \underline{\quad}$，$R = \underline{\quad}$ 时，可以求出封闭曲面的面积

$$S = \frac{1}{3}\oint\limits_{\Sigma}\quad\mathrm{d}y\mathrm{d}z + \quad\mathrm{d}z\mathrm{d}x + \quad\mathrm{d}x\mathrm{d}y.$$

3. 利用高斯公式计算对坐标的曲面积分，通常要求几何体的形状是比较规则的几何体，三重积分比较容易计算.

【方法与题型】

1. 积分曲面构成封闭几何体，直接利用高斯公式计算曲面积分

$\oint\limits_{\Sigma}x^2\mathrm{d}y\mathrm{d}z + y^2\mathrm{d}z\mathrm{d}x + z^2\mathrm{d}x\mathrm{d}y$，其中，$\Sigma$ 为立方体 $\{(x,y,z)\,|\,0 \leqslant x \leqslant a, 0 \leqslant y \leqslant b, 0 \leqslant z \leqslant c\}$

的表明的外侧.

解　根据格林公式

$$\oint\limits_{\Sigma}x^2\mathrm{d}y\mathrm{d}z + y^2\mathrm{d}z\mathrm{d}x + z^2\mathrm{d}x\mathrm{d}y$$

$$= 2\int_0^a\mathrm{d}x\int_0^b\mathrm{d}y\int_0^c(x + y + z)\mathrm{d}z$$

$$= abc(a + b + c).$$

2. 补充曲面构成封闭几何体，再利用高斯公式计算曲面积分

$\iint\limits_{\Sigma}x\mathrm{d}y\mathrm{d}z + y\mathrm{d}z\mathrm{d}x + z\mathrm{d}x\mathrm{d}y$，其中，$\Sigma$ 为上半球面 $z = \sqrt{a^2 - x^2 - y^2}$ 的上侧.

解　设 $\Sigma_1 : \{(x,y,0)\,|\,x^2 + y^2 = a^2\}$，$xOy$ 面上以原点为圆心，a 为半径的圆形曲面，方向向下. 则 $\Sigma + \Sigma_1$ 围成上半个球体 Ω.

$$\iint\limits_{\Sigma_1}x\mathrm{d}y\mathrm{d}z + y\mathrm{d}z\mathrm{d}x + z\mathrm{d}x\mathrm{d}y = 0,$$

$$\iiint\limits_{\Omega}3\mathrm{d}x\mathrm{d}y\mathrm{d}z = 2\pi a^3.$$

根据高斯公式，

$$\iint\limits_{\Sigma}x\mathrm{d}y\mathrm{d}z + y\mathrm{d}z\mathrm{d}x + z\mathrm{d}x\mathrm{d}y$$

$$= \iiint\limits_{\Omega}3\mathrm{d}x\mathrm{d}y\mathrm{d}z - \iint\limits_{\Sigma_1}x\mathrm{d}y\mathrm{d}z + y\mathrm{d}z\mathrm{d}x + z\mathrm{d}x\mathrm{d}y$$

$$= 2\pi a^3.$$

【收获与认识】

第十章 无穷级数

第一节 常数项级数的概念与性质【学案】

【学习目标】

1. 了解级数的概念，理解级数收敛、发散与级数的和的概念.
2. 会用定义判断无穷递缩等比级数及用消项法处理的级数的收敛性.
3. 掌握收敛级数的基本性质.
4. 能应用定义、性质及两类方法判断级数的收敛性.
5. 对极限思想有进一步的认识.

【重、难点】级数收敛的定义. 判断级数是否收敛.

【学习准备】

复习数列的极限、等比数列.

课前适当阅读、回顾、思考与解答，为课堂学习打下基础.

【数学思考】

问题 1 级数与其部分和数列有什么关系？

问题 2 我们如何用定义来判断级数的收敛性？

问题 3 对于无限项求和，你是怎样认识的？

问题 4 如果 $\sum\limits_{n=1}^{\infty} u_n$ 发散，问 $\sum\limits_{n=1}^{\infty} ku_n(k \neq 0)$ 是否发散？为什么？

问题 5 如果级数 $\sum\limits_{n=1}^{\infty} u_n$，$\sum\limits_{n=1}^{\infty} v_n$ 发散，问级数 $\sum\limits_{n=1}^{\infty} (u_n + v_n)$ 收敛还是发散？

问题 6 如果级数 $\sum\limits_{n=1}^{\infty} u_n$ 收敛，$\sum\limits_{n=1}^{\infty} v_n$ 发散，问级数 $\sum\limits_{n=1}^{\infty} (u_n + v_n)$ 收敛还是发散，为什么？

问题 7 如果级数加括号后收敛，那么级数一定收敛？

问题 8 如果 $\lim\limits_{n \to \infty} u_n = 0$，那么级数 $\sum\limits_{n=1}^{\infty} u_n$ 收敛还是发散？

【归纳总结】

1. 级数的概念

（1）级数与其部分和数列有_____关系，如果级数确定，自然其部分和数列确定；如果其部分和数列确定，级数也就确定了.

$$u_1 = s_1,$$
$$u_n = s_n - s_{n-1}, \ n \geqslant 2.$$

（2）通过本节的 4 个例题，我们知道两类级数是收敛的．一类是＿＿＿＿＿＿＿
＿＿＿＿＿＿＿；一类是＿＿＿＿＿＿＿＿＿＿＿＿＿＿＿＿＿．

2. 级数的性质

（1）收敛级数的一般项乘以常数后形成的级数＿＿＿＿＿；发散级数乘以常数
（不为零）也＿＿＿．

（2）收敛级数的一般项求和（差）后形成的级数＿＿＿＿＿；收敛级数与发散级
数的一般项的和（差）形成的级数＿＿＿＿＿＿．

（3）＿＿＿＿＿＿＿＿＿＿级数的有限项，不改变级数的敛散性．

（4）收敛级数加括号后组成的级数仍收敛，且＿＿＿＿＿不变．加括号后发散的
级数，则原级数也发散．

（5）收敛级数的一般项是无穷小；一般项不是无穷小的级数必＿＿＿＿＿＿；一
般项是无穷小的级数也不一定收敛．

【方法与题型】

1. 利用定义判断级数的敛散性

（1）$\displaystyle\sum_{n=1}^{\infty} (a_n - a_{n+1}) \ (\lim_{n\to\infty} a_n = a)$.

解

$$\begin{aligned} s_n &= (a_1 - a_2) + (a_2 - a_3) + \cdots + (a_n - a_{n+1}) \\ &= a_1 - (a_2 - a_2) - (a_3 - a_3) - \cdots - (a_n - a_n) - a_{n+1} \\ &= a_1 - a_{n+1}. \end{aligned}$$

$$\lim_{n\to\infty} s_n = a_1 - a.$$

所以，$\displaystyle\sum_{n=1}^{\infty} (a_n - a_{n+1}) = a_1 - a$.

（2）$\displaystyle\sum_{n=1}^{\infty} \ln\left(1 + \frac{1}{n}\right)$.

解 $\ln\left(1 + \dfrac{1}{n}\right) = \ln(n+1) - \ln n$（下略）.

方法 先用裂项法，再重新组合，使无限项抵消，将无限项的和表示成有限项
的和．

2. 利用已知结论判断级数的敛散性

$\displaystyle\sum_{n=1}^{\infty} \left(\frac{2^n}{3^n}\right)$.

解 因为 $\dfrac{2}{3} < 1$，等比级数 $\displaystyle\sum_{n=1}^{\infty} \left(\frac{2^n}{3^n}\right)$ 收敛，且 $\displaystyle\sum_{n=1}^{\infty} \left(\frac{2^n}{3^n}\right) = 2$.

3. 利用性质判断级数的敛散性

(1) $\sum\limits_{n=1}^{\infty}\left(\dfrac{1}{2^n}+\dfrac{1}{5^n}\right)$.

解　因为 $\sum\limits_{n=1}^{\infty}\left(\dfrac{1}{2^n}\right)$，$\sum\limits_{n=1}^{\infty}\left(\dfrac{1}{5^n}\right)$ 收敛，根据收敛级数的性质，$\sum\limits_{n=1}^{\infty}\left(\dfrac{1}{2^n}+\dfrac{1}{5^n}\right)$ 也收敛.

(2) $\sum\limits_{n=1}^{\infty}\sqrt{\dfrac{n-1}{n+1}}$.

解　由于 $\lim\limits_{n\to\infty}\sqrt{\dfrac{n-1}{n+1}}=1\neq0$，根据收敛级数的性质（级数收敛的必要条件），

$\sum\limits_{n=1}^{\infty}\sqrt{\dfrac{n-1}{n+1}}$ 发散.

4. 一般项与部分和的关系

已知级数 $\sum\limits_{n=1}^{\infty}u_n$ 的部分和 $s_n=\dfrac{2n}{n+1}$，$n=1,2,3,\cdots$.

(1) 求级数的一般项 u_n；(2) 判断级数的收敛性.

解　(1) $u_1=s_1=1$，

$$u_n=s_n-s_{n-1}=\dfrac{2n}{n+1}-\dfrac{2n-2}{n}=\dfrac{2}{n(n-1)}\,(n>1).$$

(2) $\lim\limits_{n\to\infty}s_n=\lim\limits_{n\to\infty}\dfrac{2n}{n+1}=2$，所以 $\sum\limits_{n=1}^{\infty}u_n$ 收敛于 2.

【收获与认识】

第二节　常数项级数的审敛法【学案】

【学习目标】

1. 了解正项级数收敛的充要条件.
2. 会用比较审敛法、比较审敛法的极限形式判断级数的收敛性.
3. 掌握正项级数收敛的比值判别法和根值判别法.
4. 会根据莱布尼茨定理判断交错级数的收敛性.
5. 了解绝对收敛和条件收敛的概念以及它们之间的关系.

【重、难点】　级数收敛的判定. 应用适当的方法判断级数是否收敛.

【学习准备】

复习级数收敛的概念、单调有界准则、数列收敛的性质.

课前适当阅读、回顾、思考与解答，为课堂学习打下基础.

【数学思考】

  问题1 一个级数收敛，才谈得上有和. 所以我们研究级数应该先从什么方面开始呢？

  问题2 按照我们从特殊到一般的顺序，我们判断级数的收敛性往往要从较简单的级数开始，我们应当先研究什么特殊级数的收敛性呢？我们如何用定义来判断级数的收敛性？

  问题3 根据单调有界准则，你能得到判断正项级数收敛的什么条件？

  问题4 利用已经知道敛散性的正项级数，如何判断一些正项级数的敛散性？

  问题5 如果根据级数自身的特点判断级数的敛散性？

  问题6 对于交错级数我们如何判断其收敛性？

  问题7 一般级数，我们如何判断其敛散性？

  问题8 绝对收敛与条件收敛有什么关系？

【归纳总结】

  1. 正项级数敛散性的判别

  （1）充要条件

  正项级数 $\sum\limits_{n=1}^{\infty} u_n$ 收敛的充分必要条件是＿＿＿＿＿＿＿＿＿＿＿＿＿＿＿＿＿＿.

  正项级数 $\sum\limits_{n=1}^{\infty} u_n$ 发散的充要条件是＿＿＿＿＿＿＿＿＿＿＿＿＿＿＿＿＿＿＿＿.

  （2）比较审敛法

  设 $\sum\limits_{n=1}^{\infty} u_n, \sum\limits_{n=1}^{\infty} v_n$ 都是正项级数，且 $u_n \leqslant v_n$（从某一项之后），则若 $\sum\limits_{n=1}^{\infty} v_n$ 收敛，则

$\sum\limits_{n=1}^{\infty} u_n$ ＿＿＿＿；若 $\sum\limits_{n=1}^{\infty} u_n$ 发散，则 $\sum\limits_{n=1}^{\infty} v_n$ ＿＿＿＿.

  （3）比较审敛法的极限形式

  设 $\sum\limits_{n=1}^{\infty} u_n, \sum\limits_{n=1}^{\infty} v_n$ 都是正项级数. ① 如果 $\lim\limits_{n\to\infty} \dfrac{u_n}{v_n} = l (< +\infty)$，若 $\sum\limits_{n=1}^{\infty} v_n$ 收敛，则

$\sum\limits_{n=1}^{\infty} u_n$ ＿＿＿＿；② 如果 $\lim\limits_{n\to\infty} \dfrac{u_n}{v_n} = l (> 0)$，若 $\sum\limits_{n=1}^{\infty} u_n$ 收敛，则 $\sum\limits_{n=1}^{\infty} v_n$ ＿＿＿＿.

  2. 比值判别法

  设 $\sum\limits_{n=1}^{\infty} u_n$ 是正项级数. 如果 $\lim\limits_{n\to\infty} \dfrac{u_{n+1}}{u_n} = \rho$，则 $\rho < 1$ 时＿＿＿＿＿＿＿＿＿，当 $\rho > 1$ 时

＿＿＿＿＿＿＿＿＿，当 $\rho = 1$ ＿＿＿＿＿＿＿＿＿＿＿＿＿＿＿＿＿＿.

  3. 根值判别法

  设 $\sum\limits_{n=1}^{\infty} u_n$ 是正项级数. 如果 $\lim\limits_{n\to\infty} \sqrt[n]{u_n} = \rho$，则 $\rho < 1$ 时＿＿＿＿＿＿＿＿＿，当 $\rho > 1$ 时

_____，当 $\rho = 1$ _____.

4. 莱布尼茨定理

如果交错级数 $\sum\limits_{n=1}^{\infty} (-1)^n u_n$ 满足条件：

(1) $u_{n+1} \leqslant u_n (n = 1, 2, \cdots)$；(2) _____.

那么级数 $\sum\limits_{n=1}^{\infty} (-1)^n u_n$ 收敛.

5. 绝对收敛与条件收敛

(1) 若级数 $\sum\limits_{n=1}^{\infty} |u_n|$ 收敛，则称 $\sum\limits_{n=1}^{\infty} u_n$ _____；若 $\sum\limits_{n=1}^{\infty} |u_n|$ _____，

$\sum\limits_{n=1}^{\infty} u_n$ _____ 则称 $\sum\limits_{n=1}^{\infty} u_n$ 条件收敛.

(2) 若 $\sum\limits_{n=1}^{\infty} u_n$ 绝对收敛，则 $\sum\limits_{n=1}^{\infty} u_n$ 必收敛.

6. 几个常见的级数

(1) p - 级数 $\sum\limits_{n=1}^{\infty} \dfrac{1}{n^p}$，当_____ 收敛，当_____ 发散.

(2) 调和级数 $\sum\limits_{n=1}^{\infty} \dfrac{1}{n}$ _____.

(3) 交错级数 $\sum\limits_{n=1}^{\infty} \dfrac{(-1)^n}{n}$ _____.

【方法与题型】

1. 用比较审敛法、比值审敛法、根值审敛法判断正项级数的收敛性

(1) $\sum\limits_{n=1}^{\infty} \dfrac{1}{\ln(n+1)}$.

因为 $\dfrac{1}{\ln(n+1)} > \dfrac{1}{1+n}$ 而级数 $\sum\limits_{n=1}^{\infty} \dfrac{1}{n+1}$ 发散，根据比较审敛法，所以级数

$\sum\limits_{n=1}^{\infty} \dfrac{1}{\ln(n+1)}$ 发散.

(2) $\sum\limits_{n=1}^{\infty} (e^{\frac{1}{\sqrt{n}}} - 1)$.

因为 $\lim\limits_{n \to \infty} \dfrac{e^{\frac{1}{\sqrt{n}}} - 1}{\dfrac{1}{\sqrt{n}}} = 1$，而级数 $\sum\limits_{n=1}^{\infty} \dfrac{1}{\sqrt{n}}$ 发散，根据比较审敛法的极限形式，级数

$\sum\limits_{n=1}^{\infty} (e^{\frac{1}{\sqrt{n}}} - 1)$ 发散.

(3) $\sum\limits_{n=1}^{\infty} 2^{n-1} \tan \dfrac{\pi}{2n}$.

因为 $\lim\limits_{n \to \infty} \dfrac{2^n \tan \dfrac{\pi}{2n+2}}{2^{n-1} \tan \dfrac{\pi}{2n}} = \lim\limits_{n \to \infty} \dfrac{2 \cdot \dfrac{\pi}{2n+2}}{\dfrac{\pi}{2n}} = 2 > 1$，根据比值审敛法，级数发散.

(4) $\sum\limits_{n=1}^{\infty} \left(\dfrac{b}{a_n} \right)^n$，$\lim\limits_{n \to \infty} a_n = a \neq 0$.

因为 $\lim\limits_{n \to \infty} \sqrt[n]{\left(\dfrac{b}{a_n} \right)^n} = \lim\limits_{n \to \infty} \left(\dfrac{b}{a_n} \right) = \dfrac{b}{a}$，所以根据根值判别法，当 $b < a$ 时级数收敛，当 $b \geqslant a$ 时，级数发散.

2. 用莱布尼茨定理判断交错级数的收敛性

$$\sum_{n=1}^{\infty} (-1)^n \dfrac{(2n-1)!!}{(2n)!!}.$$

首先需要搞清双阶乘的意思：$(2n-1)!! = 1 \cdot 3 \cdot 5 \cdot \cdots \cdot (2n-1)$，$(2n)!! = 2 \cdot 4 \cdot 6 \cdot \cdots \cdot (2n)$. 因为 $\dfrac{1}{2n} < \dfrac{1}{2} \cdot \dfrac{3}{4} \cdot \dfrac{5}{6} \cdot \cdots \cdot \dfrac{2n-1}{2n}$，而级数 $\sum\limits_{n=1}^{\infty} \dfrac{1}{2n}$ 发散，所以交错级数 $\sum\limits_{n=1}^{\infty} (-1)^n \dfrac{(2n-1)!!}{(2n)!!}$ 不绝对收敛.

又因为 $\left\{ \dfrac{(2n-1)!!}{(2n)!!} \right\}$ 单减，且 $\lim\limits_{n \to \infty} \dfrac{1}{2} \cdot \dfrac{3}{4} \cdot \dfrac{5}{6} \cdot \cdots \cdot \dfrac{2n-1}{2n} = 0$，所以，根据莱布尼茨定理，交错级数 $\sum\limits_{n=1}^{\infty} (-1)^n \dfrac{(2n-1)!!}{(2n)!!}$ 收敛.

3. 判断绝对收敛、条件收敛还是发散

(1) $\sum\limits_{n=1}^{\infty} (-1)^n \dfrac{1}{\ln n}$.

因为 $\sum\limits_{n=1}^{\infty} \dfrac{1}{\ln n}$ 发散，$\sum\limits_{n=1}^{\infty} (-1)^n \dfrac{1}{\ln n}$ 收敛，所以级数 $\sum\limits_{n=1}^{\infty} (-1)^n \dfrac{1}{\ln n}$ 条件收敛.

(2) $\sum\limits_{n=1}^{\infty} (-1)^n \sqrt{\dfrac{n+1}{n(n-1)}}$.

因为 $\dfrac{1}{n} < \dfrac{\sqrt{n+1}}{n} < \sqrt{\dfrac{n+1}{n(n-1)}}$，级数 $\sum\limits_{n=1}^{\infty} \dfrac{1}{n}$ 发散，所以级数 $\sum\limits_{n=1}^{\infty} \sqrt{\dfrac{n+1}{n(n-1)}}$ 发散. 又 $\left\{ \sqrt{\dfrac{n+1}{n(n-1)}} \right\}$ 单减，趋于 0，所以级数 $\sum\limits_{n=1}^{\infty} (-1)^n \sqrt{\dfrac{n+1}{n(n-1)}}$ 条件收敛.

【收获与认识】

第三节　幂级数【学案】

【学习目标】

1. 了解幂级数的收敛点、收敛域、和函数的概念.
2. 理解幂级数的收敛半径的概念.
3. 掌握幂级数的收敛半径、收敛域的求法.
4. 掌握幂级数的运算性质（和函数的连续性、逐项积分、逐项求导）.
5. 会求一些简单的幂级数的和函数，并会求某些数项级数的和.

【重、难点】 幂级数的收敛域与和函数的求法. 用逐项求导或积分的方法求幂级数的和函数.

【学习准备】

复习无穷递缩等比数列的所有项和公式.

课前适当阅读、回顾、思考与解答，为课堂学习打下基础.

【数学思考】

问题 1 你认为最简单的函数项级数是什么形式？

问题 2 $1 + x + x^2 + \cdots + x^n + \cdots = $ _____ . $1 - x + x^2 + \cdots + (-x)^n + \cdots = $ _____ ，$|x| < 1$.

问题 3 对于无限多个函数求和，你是怎样认识的？

问题 4 结合上述特例和数轴，你如何来理解阿贝尔定理及其推论？

问题 5 幂级数的收敛半径分为几类？

问题 6 幂级数的收敛区间与收敛域是否等价？

问题 7 幂级数的收敛半径是用什么判别法推导出来的？

问题 8 如果幂级数的相邻项的幂指数不是以 1 为单位连续递增的，那么，我们如何求幂级数的收敛半径？

问题 9 如果幂级数不是 x 的幂的形式，而是 $(x - x_0)$ 形式的，那么怎样求幂级数的收敛域？

问题 10 我们确定幂级数的收敛域有怎样的步骤？

问题 11 两个收敛的幂级数的对应项的和构成的幂级数的收敛区间如何确定？

问题 12 收敛的幂级数逐项求导或积分后所得的幂级数收敛区间是否发生变化，收敛域是否发生变化？

问题 13 采用逐项求导或逐项积分求幂级数的和函数，其一般项形式上具有什么特点？

【归纳总结】

1. 7 个概念

函数项级数、收敛点、发散点、收敛域、和函数、幂级数、幂级数的系数.

2. 我们已经会求和的幂级数，这是我们"滚雪球"的核.

（1） $\dfrac{1}{1-x} = 1 + x + x^2 + \cdots + x^n + \cdots, |x| < 1.$

（2） $\dfrac{1}{1+x} = 1 - x + x^2 + \cdots + (-x)^n + \cdots, |x| < 1.$

（3） $\dfrac{q}{1-q} = q + q^2 + \cdots + q^n + \cdots, |q| < 1.$

3. 幂级数的收敛性

（1）阿贝尔定理

如果幂级数 $\sum\limits_{n=1}^{\infty} a_n x^n$ 在 $x = x_0 (x_0 \neq 0)$ 处收敛，那么，对与任意的 $x(|x| < |x_0|)$，$\sum\limits_{n=1}^{\infty} a_n x^n$ 绝对收敛；如果幂级数 $\sum\limits_{n=1}^{\infty} a_n x^n$ 在 $x = x_0 (x_0 \neq 0)$ 处发散，那么，对与任意的 $x(|x| > |x_0|)$，$\sum\limits_{n=1}^{\infty} a_n x^n$ 发散.

（2）幂级数的收敛的情况

① 仅在 $x = 0$ 点处收敛 $R = 0$.

② 在有限区间 $(-R, R)$ 内收敛.

③ 在 $(-\infty, +\infty)$ 内收敛 $R = +\infty$.

在收敛区间的端点处，幂级数可能收敛也可能发散，需要根据数项级数的敛散性判定.

（3）幂级数收敛区间的求法

① 若幂级数是标准形式 $\sum\limits_{n=1}^{\infty} a_n x^n$，则采用比值法求收敛半径的倒数，或直接求收敛半径 $R = \lim\limits_{n \to \infty} \left| \dfrac{a_n}{a_{n+1}} \right|$，收敛区间为 $(-R, R)$（包括两种特殊情况）.

② 若幂级数是一般形式 $\sum\limits_{n=1}^{\infty} a_n (x - x_0)^n$，则通过代换 $t = x - x_0$ 化为标准形式，用①求得收敛区间后，再用代换公式求得原级数的收敛区间.

③ 若幂级数是间隔项的形式，这时有两种方法. 一是换元法，将原级数化为标准形式；二是把幂级数当成一般的函数项级数，直接求收敛范围.

4. 幂级数的和与差

若 $\sum\limits_{n=1}^{\infty} a_n x^n$ 的收敛半径为 R_1，$\sum\limits_{n=1}^{\infty} b_n x^n$ 的收敛半径为 R_2，则 $\sum\limits_{n=1}^{\infty} (a_n \pm b_n) x^n$ 的收敛半径为 $R = \min\{R_1, R_2\}$.

5. 幂级数的性质

（1）幂级数 $\sum\limits_{n=1}^{\infty} a_n x^n$ 的和函数 $s(x)$ 在其收敛域上连续.

（2）幂级数 $\sum\limits_{n=1}^{\infty} a_n x^n$ 的和函数 $s(x)$ 在其收敛域上 I 可积，并且可以逐项积分.

$$\int_0^x s(t)\,\mathrm{d}t = \int_0^x \Big[\sum_{n=1}^{\infty} a_n t^n\Big]\mathrm{d}t = \sum_{n=1}^{\infty} \int_0^x a_n t^n \mathrm{d}t = \sum_{n=1}^{\infty} \frac{a_n}{n+1} x^{n+1},\ x \in I.$$

（3）幂级数 $\sum\limits_{n=1}^{\infty} a_n x^n$ 的和函数 $s(x)$ 在其收敛区间内可导，并且可以逐项求导.

$$s'(x) = \Big[\sum_{n=1}^{\infty} a_n x^n\Big]' = \sum_{n=1}^{\infty} [a_n x^n]' = \sum_{n=1}^{\infty} n a_n x^{n-1}(\mid x \mid < R).$$

【方法与题型】

1. 阿贝尔定理的应用

（1）若幂级数 $\sum\limits_{n=1}^{\infty} a_n (x-2)^n$ 在 $x=-2$ 处收敛，则此级数在 $x=5$ 处（　　）.

A. 发散　　　　　　B. 条件收敛　　　C. 绝对收敛　　　D. 敛散性不能确定

（2）若幂级数 $\sum\limits_{n=1}^{\infty} a_n (x-1)^n$ 在 $x=-1$ 处收敛，则级数 $\sum\limits_{n=1}^{\infty} a_n$（　　）.

A. 发散　　　　　　B. 条件收敛　　　C. 绝对收敛　　　D. 敛散性不能确定

（3）若 $\lim\limits_{n\to\infty} \dfrac{\mid c_n \mid}{\mid c_{n+1} \mid} = 3$，则 $\sum\limits_{n=1}^{\infty} c_n (x-1)^n$（　　）.

A. 当 $\mid x \mid > 3$ 时发散　　　　　　B. 其收敛半径为 3

C. 在 $x=-3$ 敛散性不定　　　　　　D. 当 $\mid x \mid \le 3$ 时收敛

（4）若幂级数 $\sum\limits_{n=1}^{\infty} a_n (x-1)^n$ 在 $x=-2$ 处条件收敛，则级数 $\sum\limits_{n=1}^{\infty} a_n (x-1)^n$ 的收敛半径是（　　）.

A. 2　　　　　　　B. 3　　　　　　　C. 1　　　　　　　D. 上述皆不是

2. 求幂级数的收敛域

（1）$\sum\limits_{n=1}^{\infty} \dfrac{x^{3n+1}}{(2n-1)2^n}$.

解　$\lim\limits_{n\to\infty} \dfrac{\mid u_{n+1} \mid}{\mid u_n \mid} = \lim\limits_{n\to\infty} \dfrac{2n-1}{2(2n+1)} \mid x \mid^3 = \dfrac{1}{2} \mid x \mid^3$，所以，当 $\dfrac{1}{2} \mid x \mid^3 < 1$，即 $\mid x \mid < \sqrt[3]{2}$ 时，级数收敛. 因此，$R = \sqrt[3]{2}$，级数的收敛区间是 $(-\sqrt[3]{2}, \sqrt[3]{2})$. 又数项级数 $\sum\limits_{n=1}^{\infty} (-1)^{3n+1} \dfrac{\sqrt[3]{2}}{2n-1}$ 收敛，$\sum\limits_{n=1}^{\infty} \dfrac{\sqrt[3]{2}}{2n-1}$ 发散，所以幂级数 $\sum\limits_{n=1}^{\infty} \dfrac{x^{3n+1}}{(2n-1)2^n}$ 的收敛域为 $[-\sqrt[3]{2}, \sqrt[3]{2})$.

（2）$\sum\limits_{n=1}^{\infty} \dfrac{2^{2n-1}}{n\sqrt{n}} (x+1)^n$.

解　令 $t = x+1$，则级数变为 $\sum\limits_{n=1}^{\infty} \dfrac{2^{2n-1}}{n\sqrt{n}} t^n$. 因为 $R^2 = \lim\limits_{n\to\infty} \dfrac{2^{2n-1}}{n\sqrt{n}} \cdot \dfrac{(n+1)\sqrt{n+1}}{2^{2n+1}} =$

$\dfrac{1}{4}$，所以 $\displaystyle\sum_{n=1}^{\infty}\dfrac{2^{2n-1}}{n\sqrt{n}}t^n$ 的收敛区间为 $\left(-\dfrac{1}{2},\dfrac{1}{2}\right)$，又数项级数 $\displaystyle\sum_{n=1}^{\infty}\dfrac{2^{2n-1}}{n\sqrt{n}}\left(\dfrac{1}{2}\right)^n$ 收敛，所以

级数 $\displaystyle\sum_{n=1}^{\infty}\dfrac{2^{2n-1}}{n\sqrt{n}}t^n$ 的收敛域为 $\left[-\dfrac{1}{2},\dfrac{1}{2}\right]$. 从而原级数的收敛域为 $\left[-\dfrac{3}{2},-\dfrac{1}{2}\right]$.

3. 求幂级数的和函数

(1) $\displaystyle\sum_{n=1}^{\infty}\dfrac{x^{4n-1}}{4n-1}$.

解 $R^4=\displaystyle\lim_{n\to\infty}\dfrac{4n+3}{4n-1}=1$，所以幂级数 $\displaystyle\sum_{n=1}^{\infty}\dfrac{x^{4n-1}}{4n-1}$ 的收敛区间为 $(-1,1)$. 又数项

级数 $\displaystyle\sum_{n=1}^{\infty}\dfrac{-1}{4n-1}$，$\displaystyle\sum_{n=1}^{\infty}\dfrac{1}{4n-1}$ 发散，所以幂级数 $\displaystyle\sum_{n=1}^{\infty}\dfrac{x^{4n-1}}{4n-1}$ 的收敛域为 $(-1,1)$.

设 $s(x)=\displaystyle\sum_{n=1}^{\infty}\dfrac{x^{4n-1}}{4n-1}$，$x\in(-1,1)$，则 $s'(x)=\displaystyle\sum_{n=1}^{\infty}x^{4n-2}=\dfrac{x^2}{1-x^4}$，$x\in(-1,1)$，

所以

$$
\begin{aligned}
s(x) &= \int_0^x\dfrac{x^2}{1-x^4}\mathrm{d}x=\dfrac{1}{2}\int_0^x\left(\dfrac{1}{1-x^2}+\dfrac{1}{1+x^2}\right)\mathrm{d}x\\
&= \dfrac{1}{4}\int_0^x\left(\dfrac{1}{1-x}+\dfrac{1}{1+x}\right)\mathrm{d}x-\dfrac{1}{2}\arctan x\\
&= \dfrac{1}{4}\ln\left|\dfrac{1+x}{1-x}\right|-\dfrac{1}{2}\arctan x,\ x\in(-1,1).
\end{aligned}
$$

(2) $\displaystyle\sum_{n=1}^{\infty}nx^{n-1}$.

解 因为 $\rho=\displaystyle\lim_{n\to\infty}\left|\dfrac{u_{n+1}}{u_n}\right|=\lim_{n\to\infty}\dfrac{n+1}{n}=1$，所以级数的收敛区间为 $(-1,1)$. 因为

当 $x=\pm1$ 时，数项级数 $\displaystyle\sum_{n=1}^{\infty}n(\pm1)^{n-1}$ 发散，所以级数的收敛域为 $(-1,1)$.

设 $s(x)=\displaystyle\sum_{n=0}^{\infty}nx^{n-1}$，$x\in(-1,1)$，则 $\displaystyle\int_0^x s(x)\mathrm{d}x=\sum_{n=1}^{\infty}\int_0^x nx^{n-1}\mathrm{d}x=\sum_{n=1}^{\infty}x^n=\dfrac{x}{1-x}$，

$x\in(-1,1)$，于是 $s(x)=\left(\dfrac{x}{1-x}\right)'=\dfrac{1}{(1-x)^2}$，$x\in(-1,1)$.

4. 求数项级数的值

见上题，

$$
\sum_{n=1}^{\infty}n\left(\dfrac{1}{2}\right)^{n-1}=s\left(\dfrac{1}{2}\right)=\dfrac{1}{\left(1-\dfrac{1}{2}\right)^2}=4.
$$

【收获与认识】

第四节　函数展开成幂级数【学案】

【学习目标】

1. 掌握函数 $f(x)$ 按 $(x-x_0)$ 的幂展开的带有拉格朗日型余项、皮亚诺型余项的 n 阶泰勒公式及麦克劳林公式.

2. 了解函数展开为泰勒级数的充要条件.

3. 掌握 e^x, $\sin x$, $\cos x$, $\ln(1+x)$, $(1+x)^\alpha$ 的麦克劳林展开式, 并用它们将一些简单函数展开成幂级数.

【重、难点】
函数 e^x, $\sin x$, $\cos x$, $\ln(1+x)$, $(1+x)^\alpha$ 的幂级数展开式. 将简单函数展开成幂级数.

【学习准备】

复习拉格朗日中值定理、有限增量公式、求导公式.

课前适当阅读、回顾、思考与解答, 为课堂学习打下基础.

【数学思考】

问题1　上节我们看到, 求幂级数的和函数比较困难, 基本只能根据无穷递缩等比数列所有项的和一个公式来计算. 考虑其相反的问题是否困难呢?

问题2　多项式函数的各阶导数和系数有怎样的关系?

问题3　拉格朗日中值定理和泰勒中值定理之间有怎样的关系?

问题4　麦克劳林公式与泰勒公式有怎样的关系?

问题5　一个函数的泰勒级数与函数可以展开成泰勒级数之间有什么区别?

问题6　将函数 $f(x)$ 展开成幂级数分为几个步骤?

问题7　利用间接方法将函数展开成幂级数应用了什么基本的数学思想方法?

【归纳总结】

1. 泰勒级数与麦克劳林级数

(1) 泰勒级数　函数 $f(x)$ 在点 x_0 的某个邻域内具有任意阶导数, 则 $f(x)$ 在点 x_0 处的泰勒级数为

$$f(x) = f(x_0) + f'(x_0)(x-x_0) + \frac{f''(x_0)(x-x_0)^2}{2!} + \frac{f'''(x_0)(x-x_0)^3}{3!} + \cdots + \frac{f^{(n)}(x_0)(x-x_0)^n}{n!} + \cdots.$$

(2) 麦克劳林级数　在泰勒级数中取 $x_0 = 0$

$$f(x) = f(0) + f'(0)x + \frac{f''(0)x^2}{2!} + \frac{f'''(0)x^3}{3!} + \cdots + \frac{f^{(n)}(0)x^n}{n!} + \cdots.$$

2. 函数展开成泰勒级数的充要条件

函数 $f(x)$ 在点 x_0 的某个邻域内具有任意阶导数, 则 $f(x)$ 在该邻域内能够展开成泰勒级数的充要条件为 $f(x)$ 点 x_0 处的泰勒公式中的余项为无穷小, 即

$$\lim_{n \to \infty} R(x) = 0 \, (x \in U(x_0)).$$

3. 将函数展开成幂级数的方法

(1) 直接展开法 (略)

第一步，

第二步，

第三步，

第四步，

（2）间接展开法

间接展开法不需要研究余项问题.

由于函数的幂级数展开式具有唯一性，我们可以利用已知函数的展开式，通过函数的和、差、求导、积分、变量代换等方法，将所给函数展开为幂级数.

4. 常用的麦克劳林展开式

$$\frac{1}{1-x} = 1 + x + x^2 + x^3 + \cdots + x^n + \cdots \ (-1 < x < 1).$$

$$\frac{1}{1+x} = 1 - x + x^2 - x^3 + \cdots + (-x)^n + \cdots \ (-1 < x < 1).$$

$$e^x = 1 + x + \frac{1}{2!}x^2 + \frac{1}{3!}x^3 + \cdots + \frac{1}{n!}x^n + \cdots \ (-\infty < x < +\infty).$$

$$\sin x = x - \frac{1}{3!}x^3 + \frac{1}{5!}x^5 + \cdots + \frac{(-1)^{n-1}}{(2n-1)!}x^{2n-1} + \cdots \ (-\infty < x < +\infty).$$

$$\cos x = 1 - \frac{1}{2!}x^2 + \frac{1}{4!}x^4 + \cdots + \frac{(-1)^n}{(2n)!}x^{2n} + \cdots \ (-\infty < x < +\infty).$$

$$\ln(1+x) = x - \frac{1}{2}x^2 + \frac{1}{3}x^3 - \frac{1}{4}x^4 + \cdots + \frac{(-1)^{n-1}}{n}x^n + \cdots \ (-1 < x \leqslant 1).$$

$$(1+x)^\alpha = 1 + \alpha x + \frac{\alpha(\alpha-1)}{2!}x^2 + \frac{\alpha(\alpha-1)(\alpha-2)}{3!}x^3 + \cdots +$$
$$\frac{\alpha(\alpha-1)(\alpha-2)\cdots(\alpha-n+1)}{n!}x^n + \cdots \ (-1 < x < 1).$$

【方法与题型】

将函数展开成幂级数

1. $\ln(2+x)$.

解　因为 $\ln(1+x) = x - \frac{x^2}{2} + \frac{x^3}{3} - \frac{x^4}{4} + \cdots + (-1)^{n-1}\frac{x^n}{n} + \cdots (-1 < x \leqslant 1)$，

所以，

$$\ln(2+x) = \ln 2\left(1 + \frac{x}{2}\right) = \ln 2 + \ln\left(1 + \frac{x}{2}\right)$$

$$= \ln 2 + \frac{x}{2} - \frac{x^2}{2^3} + \frac{x^3}{3 \cdot 2^3} - \frac{x^4}{4 \cdot 2^4} + \cdots + (-1)^{n-1}\frac{x^n}{n \cdot 2^n} + \cdots (-2 < x \leqslant 2).$$

2. $f(x) = \dfrac{1}{x^2 - 5x + 6}$.

解　$f(x) = \dfrac{1}{x^2 - 5x + 6} = \dfrac{1}{x-3} - \dfrac{1}{x-2} = \dfrac{1}{-3\left(1 - \dfrac{x}{3}\right)} - \dfrac{1}{-2\left(1 - \dfrac{x}{2}\right)}$

$$= \left(-\frac{1}{3}\right)\left[1 + \left(\frac{x}{3}\right) + \left(\frac{x}{3}\right)^2 + \cdots + \left(\frac{x}{3}\right)^n + \cdots\right] + \frac{1}{2}\sum_{n=0}^{\infty}\left(\frac{x}{2}\right)^n$$

$$= \sum_{n=0}^{\infty}\left[\left(\frac{1}{2}\right)^{n+1} - \left(\frac{1}{3}\right)^{n+1}\right]x^n, \left|\frac{x}{2}\right| < 1.$$

3. 将 $\sqrt{x}$ 展开成 $x-1$ 的幂级数，并指出展开式成立的区间.

解 （1） $(1+x)^\alpha = 1 + \alpha x + \dfrac{\alpha(\alpha-1)}{2!}x^2 + \cdots + \dfrac{\alpha(\alpha-1)\cdots(\alpha-n+1)}{n!}x^n +$

$\cdots, -1 < x < 1.$

$$\sqrt{x} = \sqrt{1+(x-1)}$$

$$= 1 + \frac{1}{2}(x-1) + \frac{\frac{1}{2}\left(\frac{1}{2}-1\right)}{2!}(x-1)^2 + \cdots + \frac{\frac{1}{2}\left(\frac{1}{2}-1\right)\cdots\left(\frac{1}{2}-n+1\right)}{n!}(x-1)^n + \cdots, -1 < x-1 < 1.$$

$$= 1 + \frac{1}{2}(x-1)$$

$$+ \frac{1}{2}\left[(-1)\frac{(x-1)^2}{2\cdot 2!} + (-1)^2\frac{1\times 3}{2^2\cdot 3!}(x-1)^3 + \frac{(-1)^{n-1}1\times 3\times\cdots\times(2n-3)}{2^{n-1}n!}(x-1)^n + \cdots\right], 0 < x < 2$$

4. 将函数 $\dfrac{d}{dx}\left(\dfrac{e^x-1}{x}\right)$ 展开成 x 的幂级数，并求 $\displaystyle\sum_{n=1}^{\infty}\frac{n}{(n+1)!}$.

解 因为 $\left(\dfrac{e^x-1}{x}\right) = \dfrac{1}{2!}x + \dfrac{1}{3!}x^2 + \cdots + \dfrac{1}{n!}x^{n-1} + \cdots, x \in (-\infty, +\infty)$，所以

$$\frac{d}{dx}\left(\frac{e^x-1}{x}\right) = \frac{1}{2!} + \frac{2}{3!}x + \frac{3}{4!}x^2 + \cdots + \frac{n-1}{n!}x^{n-2} + \cdots = \sum_{n=1}^{\infty}\frac{n}{(n+1)!}x^{n-1},$$

$$x \in (-\infty, +\infty).$$

$$\sum_{n=1}^{\infty}\frac{n}{(n+1)!} = \frac{d}{dx}\left(\frac{e^x-1}{x}\right)\Bigg|_{x=1} = \frac{xe^x - e^x + 1}{x^2}\Bigg|_{x=1} = 1.$$

【收获与认识】

第五节　傅里叶级数【学案】

【学习目标】

1. 了解三角函数系的正交性、傅里叶级数的概念.

2. 能正确求解函数的傅里叶系数.

3. 了解狄利克雷收敛定理，会求函数的傅里叶级数.

4. 能够将函数做周期延拓或奇延拓（偶延拓）求得函数的傅里叶级数或正弦级数（余弦级数）.

【重、难点】函数的傅里叶级数. 正确求出傅里叶系数.

【学习准备】

复习三角函数公式、不定积分.

课前适当阅读、回顾、思考与解答，为课堂学习打下基础.

【补充知识】

积化和差公式

$$\sin\alpha \sin\beta = -\frac{1}{2}\left[\cos(\alpha+\beta) - \cos(\alpha-\beta)\right].$$

$$\cos\alpha \cos\beta = \frac{1}{2}\left[\cos(\alpha+\beta) + \cos(\alpha-\beta)\right].$$

$$\sin\alpha \cos\beta = \frac{1}{2}\left[\sin a(\alpha+\beta) + \sin(\alpha-\beta)\right].$$

$$\cos\alpha \sin\beta = \frac{1}{2}\left[\sin(\alpha+\beta) - \sin(\alpha-\beta)\right].$$

【数学思考】

问题 1 三角函数系的正交性是什么含义?

问题 2 函数的傅里叶系数的计算公式是怎样的?

问题 3 具备什么条件的函数 $f(x)$ 的傅里叶级数收敛? 是否收敛到 $f(x)$?

问题 4 什么是周期延拓?

问题 5 什么是奇延拓（偶延拓）?

问题 6 一般周期函数我们如何求其傅里叶级数?

【归纳总结】

1. 三角函数系的正交性

三角函数系

$$1, \cos x, \sin x, \cos 2x, \sin 2x, \cdots, \cos nx, \sin nx, \cdots$$

中，任意两个不同函数的乘积在 $[-\pi, \pi]$ 上的定积分等于 0.

2. 函数的傅里叶级数

设 $f(x)$ 是以 2π 为周期的函数，三角级数

$$\frac{a_0}{2} + \sum_{n=1}^{\infty} (a_n\cos nx + b_n\sin nx)$$

称为函数 $f(x)$ 的傅里叶级数，其中

$$a_n = \frac{1}{\pi}\int_{-\pi}^{\pi} f(x)\cos nx \, dx \ (n = 0,1,2,\cdots)$$

$$b_n = \frac{1}{\pi}\int_{-\pi}^{\pi} f(x)\sin nx \, dx \ (n = 1,2,\cdots).$$

3. 傅里叶级数的收敛性

狄利克雷收敛定理

设 $f(x)$ 是以 2π 为周期的函数，如果它满足

(1) _____,

(2) _____ ,

那么，$f(x)$ 的傅里叶级数收敛，并且

当 x 是 $f(x)$ 的连续点时，级数收敛于 _____ ；当 x 是 $f(x)$ 的间断点时，级数收敛于 _____ .

4. 正弦级数与余弦级数

当 $f(x)$ 为奇函数时，$f(x)\sin nx$ 是偶函数，$f(x)\cos nx$ 是奇函数.

$$a_n = \frac{1}{\pi}\int_{-\pi}^{\pi} f(x)\cos nx\,\mathrm{d}x = \underline{\qquad} \quad (n = 0,1,2,\cdots).$$

$$b_n = \frac{1}{\pi}\int_{-\pi}^{\pi} f(x)\sin nx\,\mathrm{d}x = \underline{\qquad} \quad (n = 1,2,\cdots).$$

此时，$f(x)$ 的傅里叶级数为 _____ ，称之为正弦级数.

当 $f(x)$ 为偶函数时，$f(x)\sin nx$ 是奇函数，$f(x)\cos nx$ 是偶函数.

$$a_n = \frac{1}{\pi}\int_{-\pi}^{\pi} f(x)\cos nx\,\mathrm{d}x = \underline{\qquad} \quad (n = 0,1,2,\cdots).$$

$$b_n = \frac{1}{\pi}\int_{-\pi}^{\pi} f(x)\sin nx\,\mathrm{d}x = \underline{\qquad} \quad (n = 1,2,\cdots).$$

此时，$f(x)$ 的傅里叶级数为 _____ ，称之为余弦级数.

【方法与题型】

将函数展开成傅里叶级数

1. 已知函数 $f(x)$ 是以 2π 为周期的函数，它在 $(-\pi,\pi]$ 上的表达式为 $f(x) = x^2$，将 $f(x)$ 展开成傅里叶级数.

解 因为 $f(x)$ 是偶函数，所以 $b_n = 0 (n = 1,2,3,\cdots)$，

$$a_0 = \frac{2}{\pi}\int_0^{\pi} f(x)\,\mathrm{d}x = \frac{2}{\pi}\int_0^{\pi} x^2\,\mathrm{d}x = \frac{2}{3}\pi^2,$$

$$a_n = \frac{2}{\pi}\int_0^{\pi} f(x)\cos nx\,\mathrm{d}x = \frac{2}{\pi}\int_0^{\pi} x^2\cos nx\,\mathrm{d}x = \frac{2}{\pi}\left(\left[\frac{1}{n}x^2\sin nx\right]_0^{\pi} - \int_0^{\pi}\frac{2}{n}x\sin nx\,\mathrm{d}x\right)$$

$$= -\frac{4}{n\pi}\int_0^{\pi} x\sin nx\,\mathrm{d}x = \frac{4}{n\pi}\left(\left[\frac{x\cos nx}{n}\right]_0^{\pi} - \int_0^{\pi}\frac{\cos nx}{n}\,\mathrm{d}x\right) = \frac{4}{n^2}(-1)^n, n = 1,2,3,\cdots.$$

又因为 $f(x)$ 在 $(-\infty, +\infty)$ 上连续，故

$$f(x) = \frac{\pi^2}{3} + \sum_{n=1}^{\infty}(-1)^n\frac{4}{n^2}\cos nx, x \in (-\infty, +\infty).$$

2. 已知函数 $f(x) = x$ 在 $[0,2\pi)$ 内展开成傅里叶级数.

解 将 $f(x)$ 做周期延拓为 $F(x)$，使之满足狄利克雷收敛定理的条件. 在 $[0,2\pi)$ 内 $F(x) = f(x)$，得到的 $f(x)$ 的傅里叶展开式在 $(0,2\pi)$ 内收敛于 $f(x)$，在 $x = 0$ 时，收敛于 π.

$$a_0 = \frac{2}{\pi}\int_0^{2\pi} f(x)\,\mathrm{d}x = \frac{2}{\pi}\int_0^{2\pi} x\,\mathrm{d}x = 4\pi,$$

$$a_n = \frac{2}{\pi} \int_0^{2\pi} f(x)\cos nx \mathrm{d}x = \frac{2}{\pi} \int_0^{2\pi} x\cos nx \mathrm{d}x$$

$$= \frac{2}{\pi}\Big[\Big(\frac{1}{n}x\sin nx\Big)_0^{2\pi} - \int_0^{2\pi} \frac{1}{n}\sin nx \mathrm{d}x \Big]$$

$$= -\frac{2}{n\pi} \int_0^{2\pi} \sin nx \mathrm{d}x = 0, \ n = 1,2,3,\cdots.$$

$$b_n = \frac{2}{\pi} \int_0^{2\pi} f(x)\sin nx \mathrm{d}x = \frac{2}{\pi} \int_0^{2\pi} x\sin nx \mathrm{d}x$$

$$= -\frac{2}{\pi}\Big(\Big[\frac{1}{n}x\cos nx\Big]_0^{2\pi} + \int_0^{2\pi} \frac{1}{n}\cos nx \mathrm{d}x \Big)$$

$$= -\frac{4}{n}, \ n = 1,2,3,\cdots.$$

所以, $x = 2\pi - \sum_{n=1}^{\infty} \frac{4}{n}\sin nx, \ x \in (0,2\pi).$

【收获与认识】

复习课（二）【学案】

【学习目标】

1. 回顾基础知识，沟通知识之间的联系，使知识系统化、条理化、结构化.
2. 掌握基本方法，对方法进行归类整理.
3. 提高分析问题解决问题能力.

【基础知识整理】

二元函数的极限、连续、有界闭域上连续函数的性质、（高阶）偏导数、全微分、复合函数微分法、隐函数求导、方向导数、多元微分学的应用；二重积分、三重积分、曲线积分、曲面积分、高斯公式、格林公式；级数等知识由学生自己整理完成.

【基本方法归类】请同学每类至少各举一例.

1. 求二元函数极限的方法

（1）类比一元函数极限的求法.

由于二元函数的极限定义与一元函数的极限定义相类似，所以，一元函数极限的运算法则可以移植到二元函数极限的运算中来，一元函数极限的某些性质：连续性、无穷小的性质、夹逼准则以及分子（母）有理化、变量代换等方法都可以类似地移植到二元函数的极限中来.

例 1 $\lim\limits_{(x,y)\to(0,0)} y^2 \ln(x^2+y^2)$.

解 因为

$$\lim_{x\to 0} x\ln x = \lim_{x\to 0}\frac{\ln x}{\frac{1}{x}} = \lim_{x\to 0}\frac{\frac{1}{x}}{-\frac{1}{x^2}} = -\lim_{x\to 0} x = 0.$$

由于 $\lim\limits_{(x,y)\to(0,0)} y^2 \ln(x^2+y^2)$ 与 $\lim\limits_{(x,y)\to(0,0)} x^2 \ln(x^2+y^2)$ 具有轮换对称性，故

$$\lim_{(x,y)\to(0,0)} y^2 \ln(x^2+y^2) = \lim_{(x,y)\to(0,0)} x^2 \ln(x^2+y^2) = \frac{1}{2}\lim_{(x,y)\to(0,0)}(x^2+y^2)\ln(x^2+y^2) = 0.$$

（2）判断二元分段函数在分界点处的连续性.

通常的方法是点 P 沿着不同的路径趋于点 P_0 时，极限不同，从而根据定义判断函数在 P_0 点处无极限.

例 2 判断函数 $f(x,y)$ 在原点 $(0,0)$ 的连续性.

$$f(x,y) = \begin{cases} \dfrac{xy}{x^2+y^2}, & (x,y)\neq(0,0), \\[2mm] 0, & (x,y)=(0,0). \end{cases}$$

解 （i）$(x,y)\neq(0,0)$ 时，函数 $f(x,y)=\dfrac{xy}{x^2+y^2}$ 是二元初等函数，从而连续；

（ii）$(x,y)=(0,0)$ 时，当点 $P(x,y)$ 沿着直线 $y=kx$ 趋于点 $O(0,0)$ 时，有

$$\lim_{(x,y)\to(0,0)}\frac{kx^2}{(1+k^2)x^2}=\frac{k}{1+k^2}.$$

极限值随着 k 的取值不同而发生变化，所以 $\lim\limits_{(x,y)\to(0,0)}f(x,y)$ 不存在，从而函数在点 $(0,0)$ 不连续.

2. 导数与微分

（1）偏导数与高阶偏导数.

例3　$z=y^x$.

解　$\dfrac{\partial z}{\partial x}=y^x\ln y,\ \dfrac{\partial z}{\partial y}=xy^{x-1}.$

$$\frac{\partial^2 z}{\partial x^2}=\frac{\partial(y^x\ln y)}{\partial x}=y^x\ln^2 y,\ \frac{\partial^2 z}{\partial y^2}=\frac{\partial(xy^{x-1})}{\partial y}=x(x-1)y^{x-2},$$

$$\frac{\partial^2 z}{\partial x\partial y}=\frac{\partial(y^x\ln y)}{\partial y}=y^{x-1}+xy^{x-1}\ln y.$$

（2）全微分.

例4　$u=\left(\dfrac{x}{y}\right)^{\frac{1}{z}}$.

解　$\mathrm{d}u=\dfrac{\partial u}{\partial x}\mathrm{d}x+\dfrac{\partial u}{\partial y}\mathrm{d}y+\dfrac{\partial u}{\partial z}\mathrm{d}z=\dfrac{1}{yz}\left(\dfrac{x}{y}\right)^{\frac{1}{z}-1}\mathrm{d}x-\dfrac{x}{y^2z}\left(\dfrac{x}{y}\right)^{\frac{1}{z}-1}\mathrm{d}y-\dfrac{1}{z^2}\left(\dfrac{x}{y}\right)^{\frac{1}{z}}$

$\ln\left(\dfrac{x}{y}\right)\mathrm{d}z.$

（3）连续、存在偏导数、可微、偏导数连续之间的关系.

1）在某点处，若偏导函数连续则必定可微（定理），但反之不成立. 请举出例子.

例如，函数 $f(x,y)=\begin{cases}(x^2+y^2)\sin\dfrac{1}{x^2+y^2}, & x^2+y^2\neq 0,\\ 0, & x^2+y^2=0.\end{cases}$

$\Delta z|_{(0,0)}=f(x,y)-0=(x^2+y^2)\sin\dfrac{1}{x^2+y^2}\to 0((x,y)\to(0,0))$，函数在点 $(0,0)$ 处可微.

但是 $f_x(x,y)=\begin{cases}2x\sin\dfrac{1}{x^2+y^2}-\dfrac{2x}{x^2+y^2}\cos\dfrac{1}{x^2+y^2}, & x^2+y^2\neq 0,\\ 0, & x^2+y^2=0.\end{cases}$

$f_y(x,y)=\begin{cases}2y\sin\dfrac{1}{x^2+y^2}-\dfrac{2y}{x^2+y^2}\cos\dfrac{1}{x^2+y^2}, & x^2+y^2\neq 0,\\ 0, & x^2+y^2=0.\end{cases}$ 在点 $(0,0)$ 处都不

连续.

2）在某点处，若函数可微，则偏导数存在，但反之不成立. 请举出例子.

例如，函数 $f(x,y) = \begin{cases} \dfrac{xy}{x^2+y^2}, & x^2+y^2 \neq 0, \\ 0, & x^2+y^2 = 0. \end{cases}$

$$f_x(x,y) = \begin{cases} \dfrac{y(y^2-x^2)}{(x^2+y^2)^2}, & x^2+y^2 \neq 0, \\ 0, & x^2+y^2 = 0. \end{cases} \quad f_y(x,y) = \begin{cases} \dfrac{x(x^2-y^2)}{(x^2+y^2)^2}, & x^2+y^2 \neq 0, \\ 0, & x^2+y^2 = 0. \end{cases}$$

但是 $\Delta z|_{(0,0)} = f(x,y) - 0 = \dfrac{xy}{x^2+y^2}$，$\lim\limits_{(x,y)\to(0,0)} \dfrac{xy}{x^2+y^2}$ 不存在，从而函数在点 $(0,0)$ 处不可微.

3）在某点处，若函数可微，则函数连续，但反之不成立. 请举出例子.

例如，函数 $z = \sqrt{x^2+y^2}$ 是二元初等函数，在点 $(0,0)$ 处连续. 但是两个偏导数

$$\lim_{x\to 0} \frac{f(x,0)-f(0,0)}{x} = \lim_{x\to 0} \frac{\sqrt{x^2}-0}{x} = \lim_{x\to 0} \frac{|x|}{x}, \quad \lim_{y\to 0} \frac{f(0,y)-f(0,0)}{y} = \lim_{y\to 0} \frac{\sqrt{y^2}-0}{y} =$$

$\lim\limits_{y\to 0} \dfrac{|y|}{y}$ 都不存在，从而函数在点 $(0,0)$ 处不可微.

4）函数在某点处既连续又存在偏导数，函数也不一定可微. 请举出例子.

例如，函数 $f(x,y) = \begin{cases} \dfrac{x^2 y^2}{(x^2+y^2)^{3/2}}, & x^2+y^2 \neq 0, \\ 0, & x^2+y^2 = 0. \end{cases}$

因为

$$\lim_{(x,y)\to(0,0)} f(x,y) = \lim_{(x,y)\to(0,0)} x \frac{xy}{x^2+y^2} \frac{y}{\sqrt{x^2+y^2}} = 0,$$

所以，函数在点 $(0,0)$ 处连续，且

$$f_x(x,y) = \begin{cases} \dfrac{2xy^4 - x^3 y^2}{(x^2+y^2)^{\frac{5}{2}}}, & x^2+y^2 \neq 0, \\ 0, & x^2+y^2 = 0. \end{cases} \quad f_y(x,y) = \begin{cases} \dfrac{2x^4 y - x^2 y^3}{(x^2+y^2)^{\frac{5}{2}}}, & x^2+y^2 \neq 0, \\ 0, & x^2+y^2 = 0. \end{cases}$$

但是，$\Delta z|_{(0,0)} = f(x,y) - 0 = \dfrac{x^2 y^2}{(x^2+y^2)^{\frac{3}{2}}}$，$\lim\limits_{(x,y)\to(0,0)} \dfrac{x^2 y^2}{(x^2+y^2)^2}$ 不存在，所以函数在点 $(0,0)$ 处不可微.

（4）复合函数求偏导数.

例 5 $z = f(\sin x, \cos y, e^{x+y})$（$f$ 具有连续的二阶偏导数）.

解 $\dfrac{\partial z}{\partial x} = f_1 \cos x + f_3 e^{x+y}$，$\dfrac{\partial z}{\partial y} = -\sin y f_2 + e^{x+y} f_3$.

$$\frac{\partial^2 z}{\partial x^2} = \frac{\partial(\cos x f_1)}{\partial x} + \frac{\partial(e^{x+y}f_3)}{\partial x}$$

$$= -\sin x f_1 + \cos x(f_{11}\cos x + e^{x+y}f_{13}) + e^{x+y}f_3 + e^{x+y}(\cos x f_{31} + e^{x+y}f_{33})$$

$$= -\sin x f_1 + \cos^2 x f_{11} + 2\cos x e^{x+y}f_{13} + e^{2(x+y)}f_{33} + e^{x+y}f_3.$$

请同学们计算：$\dfrac{\partial^2 z}{\partial x \partial y}, \dfrac{\partial^2 z}{\partial y^2}$.

（5）隐函数求偏导.

例 6 设 $\dfrac{x}{z} = \ln\dfrac{z}{y}$.

解 设 $F(x,y,z) = \dfrac{x}{z} - \ln\dfrac{z}{y}$，则

$$F_x = \frac{1}{z}, \; F_y = \frac{1}{y}, \; F_z = -\frac{x+z}{z^2}.$$

当 $F_z \neq 0$ 时，$\dfrac{\partial z}{\partial x} = -\dfrac{F_x}{F_z} = \cdots, \dfrac{\partial z}{\partial y} = -\dfrac{F_y}{F_z} = \cdots.$

（6）方向导数.

例 7 求函数 $u = x + y + z$ 在球面 $x^2 + y^2 + z^2 = 1$ 上点 (x_0, y_0, z_0) 处，沿球面在该点外法线方向的方向导数.

解 $u_x = u_y = u_z = 1$，球面在点 (x_0, y_0, z_0) 处法向量 $\boldsymbol{n} = (x_0, y_0, z_0)$，因为球面是单位球面，所以方向余弦 $\cos\alpha = x_0, \cos\beta = y_0, \cos\gamma = z_0$. 所以，方向导数为

$$\left.\frac{\partial u}{\partial \boldsymbol{l}}\right|_{(x_0,y_0,z_0)} = x_0 + y_0 + z_0.$$

（7）切平面（线）与法线（平面）.

例 8 求曲线 $\begin{cases} x^2 + y^2 + z^2 - 3x = 0, \\ 2x - 3y + 5z - 4 = 0 \end{cases}$ 在点 $(1,1,1)$ 处的切线方程与法平面方程.

解 $\begin{vmatrix} 2y & 2z \\ -3 & 5 \end{vmatrix} = 10y + 6z, \begin{vmatrix} 2z & 2x-3 \\ 5 & 2 \end{vmatrix} = 4z - 10x + 15, \begin{vmatrix} 2x-3 & 2y \\ 2 & -3 \end{vmatrix}$

$$= -6x - 4y + 9.$$

$$\boldsymbol{\tau} = (10y+6z, 4z-10x+15, -6x-4y+9)|_{(1,1,1)} = (16, 9, -1).$$

所以切线方程为 $\qquad \dfrac{x-1}{16} = \dfrac{y-1}{9} = \dfrac{z-1}{-1},$

法平面方程为 $\qquad 16(x-1) + 9(y-1) - (z-1) = 0.$

即 $\qquad\qquad\qquad 16x + 9y - z - 24 = 0.$

例 9 求椭球面 $x^2 + 2y^2 + z^2 = 1$ 平行于平面 $x - y + 2z = 0$ 的切平面方程.

解 椭球面上某点 (x,y,z) 处的法向量 $\boldsymbol{n}_1 = (2x, 4y, 2z)$，平面的法向量 $\boldsymbol{n} = (1, -1, 2)$. 由于 $\boldsymbol{n}_1 /\!/ \boldsymbol{n}_2, \dfrac{x}{1} = \dfrac{2y}{-1} = \dfrac{z}{2}$，所以 $x = t, y = -\dfrac{1}{2}t, z = 2t$，代入椭球面

的方程，得切点坐标为 $\left(\sqrt{\dfrac{2}{11}},\ -\dfrac{1}{2}\sqrt{\dfrac{2}{11}},\ 2\sqrt{\dfrac{2}{11}}\right)$ 或 $\left(-\sqrt{\dfrac{2}{11}},\dfrac{1}{2}\sqrt{\dfrac{2}{11}},-2\sqrt{\dfrac{2}{11}}\right)$.

所求切平面的方程为 $\left(x-\sqrt{\dfrac{2}{11}}\right)-\left(y+\dfrac{1}{2}\sqrt{\dfrac{2}{11}}\right)+2\left(z-2\sqrt{\dfrac{2}{11}}\right)=0$ 或 $\left(x+\sqrt{\dfrac{2}{11}}\right)-$

$\left(y-\dfrac{1}{2}\sqrt{\dfrac{2}{11}}\right)+2\left(z+2\sqrt{\dfrac{2}{11}}\right)=0.$ 即 $x-y+2z\pm\sqrt{\dfrac{11}{2}}=0.$

(8) 多元函数极值.

例 10 求函数 $f(x,y)=\mathrm{e}^{2x}(x+y^2+2y)$ 的极值.

3. 二元函数积分

(1) 二重积分.

1) 利用直角坐标计算二重积分.

例 11 $I=\displaystyle\iint_{D}\dfrac{x^2}{y^2}\mathrm{d}\sigma$, 其中, D 是由直线 $x=2$, $y=x$ 及曲线 $xy=1$ 所围成的闭区域.

2) 利用极坐标计算二重积分.

例 12 $I=\displaystyle\iint_{D}\sqrt{\dfrac{1-x^2-y^2}{1+x^2+y^2}}\mathrm{d}\sigma$, 其中, D 是由圆周 $x^2+y^2=1$ 及坐标轴所围成的在第一象限内的区域.

(2) 三重积分.

1) 利用直角坐标计算三重积分.

例 13 $\displaystyle\iiint_{\Omega}xy\mathrm{d}x\mathrm{d}y\mathrm{d}z$, 其中, Ω 由平面 $x+y+z=1$ 与三坐标平面所围成的有界闭区域.

2) 利用柱面坐标计算三重积分.

例 14 求 $\displaystyle\iiint_{\Omega}(x^2+y^2)\mathrm{d}x\mathrm{d}y\mathrm{d}z$, 其中, Ω 由 $z=x^2+y^2$ 及 $z=4$ 所围成的区域.

(3) 曲面的面积.

例 15 求圆柱面 $x^2+y^2=a^2$, $x^2+z^2=a^2(a>0)$ 所围成的立体的表面 Σ 的面积.

(4) 质心的坐标.

例 16 一均匀物体（密度为常数 ρ）占有的闭区域 Ω 由曲面 $z=x^2+y^2$ 和平面 $|x|=a$, $|y|=a$ 所围成.

(i) 求物体的体积; (ii) 求物体的质心; (iii) 求物体关于 z 轴的的转动惯量.

(5) 曲线积分.

例 17 (i) $\displaystyle\oint_{L}\mathrm{e}^{\sqrt{x^2+y^2}}\mathrm{d}s$, 其中, L 为圆周 $x^2+y^2=a^2$ 及直线 $y=x$ 及 x 轴在第一象限所围成扇形的整个边界.

（ii）计算 $\oint_L \dfrac{\mathrm{d}x + \mathrm{d}y}{|x| + |y|} \mathrm{d}s$，其中，$L$ 为连接 $A(1,0)$，$B(0,1)$，$C(-1,0)$，$D(0,-1)$ 的正方形回路 $|x| + |y| = 1$，取逆时针方向．

解法 1　$\oint_L \dfrac{\mathrm{d}x + \mathrm{d}y}{|x| + |y|} = \displaystyle\int_{AB} \dfrac{\mathrm{d}x + \mathrm{d}y}{|x| + |y|} + \int_{BC} \dfrac{\mathrm{d}x + \mathrm{d}y}{|x| + |y|} +$

$$\int_{CD} \frac{\mathrm{d}x + \mathrm{d}y}{|x| + |y|} + \int_{DA} \frac{\mathrm{d}x + \mathrm{d}y}{|x| + |y|}$$

$$= 0 + \int_0^{-1} 2\mathrm{d}x + 0 + \int_0^1 2\mathrm{d}x = -2 + 2 = 0.$$

解法 2　利用格林公式 $\oint_L \dfrac{\mathrm{d}x + \mathrm{d}y}{|x| + |y|} \mathrm{d}s = \oint_L \dfrac{\mathrm{d}x + \mathrm{d}y}{1} = \displaystyle\iint_D (0 - 0)\mathrm{d}x\mathrm{d}y = 0.$

（6）曲面积分．

例 18　（i）计算 $\displaystyle\iint_\Sigma (x^2 + y^2)\mathrm{d}s$，$\Sigma$ 为立体 $\sqrt{x^2 + y^2} \leqslant z \leqslant 1$ 的边界．

（ii）$\displaystyle\iint_\Sigma x\mathrm{d}y\mathrm{d}z + y\mathrm{d}x\mathrm{d}z + z\mathrm{d}x\mathrm{d}y$，其中，$\Sigma$ 柱面 $x^2 + y^2 = 1$ 被平面 $z = 0, z = 3$ 所截得的在第一卦限内的部分的前侧．

（7）格林公式．

例 19　$\displaystyle\int_L (x^2 - y)\mathrm{d}x - (x + \sin^2 y)\mathrm{d}y$，其中，$L$ 是在圆周 $y = \sqrt{2x - x^2}$ 上由点 $O(0,0)$ 到 $A(1,1)$ 的一段弧．

（8）高斯公式．

例 20　$I = \displaystyle\oiint_\Sigma x(y - z)\mathrm{d}y\mathrm{d}z + (z - x)\mathrm{d}z\mathrm{d}x + (x - y)\mathrm{d}x\mathrm{d}y$，其中 Σ 是 $z^2 = x^2 + y^2$，$z = h(h > 0)$ 围成的表面的外侧．

4. 级数

（1）级数的收敛性的判断．

例 21　（i）$\displaystyle\sum_{n=1}^\infty \frac{1}{n}\sin\frac{1}{\sqrt{n}}$．　（ii）$\displaystyle\sum_{n=1}^\infty \frac{(2n-1)!!}{3^n n!}$．　（iii）$\displaystyle\sum_{n=1}^\infty \frac{\left(1 + \dfrac{1}{n}\right)^{n^n}}{3^n}$．

解　（i）因为级数 $\displaystyle\sum_{n=1}^\infty \frac{1}{n\sqrt{n}}$ 收敛，根据比较审敛法的极限形式，级数 $\displaystyle\sum_{n=1}^\infty \frac{1}{n}\sin\frac{1}{\sqrt{n}}$ 收敛．

（ii）因为 $\displaystyle\lim_{n\to\infty} \frac{\dfrac{[2(n+1)-1]!!}{3^{n+1}(n+1)!}}{\dfrac{(2n-1)!!}{3^n n!}} = \lim_{n\to\infty} \frac{2n+1}{3(n+1)} = \frac{2}{3} < 1$，根据比值审敛法，级数

$\displaystyle\sum_{n=1}^\infty \frac{(2n-1)!!}{3^n n!}$ 收敛．

（iii） 因为 $\lim\limits_{n\to\infty} \dfrac{\sqrt[n]{\left(1+\dfrac{1}{n}\right)^{n^n}}}{\sqrt[n]{3^n}} = \lim\limits_{n\to\infty} \dfrac{\left(1+\dfrac{1}{n}\right)^n}{3} = \dfrac{e}{3} < 1$，根据根值审敛法，级数

$\sum\limits_{n=1}^{\infty} \dfrac{\left(1+\dfrac{1}{n}\right)^{n^2}}{\sqrt{n^n}}$ 收敛.

（2）幂级数的收敛域.

例 22　$\sum\limits_{n=1}^{\infty} 2^n (x+a)^{2n}$.

解　令 $x+a=t$.

因为 $\lim\limits_{n\to\infty}\left|\dfrac{2^{n+1}t^{2(n+1)}}{2^n t^{2n}}\right| = \lim\limits_{n\to\infty} 2t^2 = 2t^2$，由 $2t^2 < 1$，得 $|t| < \dfrac{\sqrt{2}}{2}$. 当 $|t| < \dfrac{\sqrt{2}}{2}$ 时，

级数收敛，当 $|t| > \dfrac{\sqrt{2}}{2}$ 时，级数发散，当 $t = \pm\dfrac{\sqrt{2}}{2}$ 时，级数 $\sum\limits_{n=1}^{\infty} 2^n \left(\pm\dfrac{\sqrt{2}}{2}\right)^{2n}$ 发散.

所以级数 $\sum\limits_{n=1}^{\infty} 2^n t^{2n}$ 的收敛域为 $\left(-\dfrac{\sqrt{2}}{2}, \dfrac{\sqrt{2}}{2}\right)$，收敛半径 $R = \dfrac{\sqrt{2}}{2}$. 级数

$\sum\limits_{n=1}^{\infty} 2^n (x+a)^{2n}$ 的收敛域为 $\left(-\dfrac{\sqrt{2}}{2}-a, \dfrac{\sqrt{2}}{2}-a\right)$.

（3）求级数的和函数.

例 23　$\sum\limits_{n=1}^{\infty} \dfrac{x^{4n-1}}{4n-1}$.

解　由于 $\lim\limits_{n\to\infty}\left|\dfrac{x^{4(n+1)-1}}{4(n+1)-1} \cdot \dfrac{4n-1}{x^{4n-1}}\right| = x^4$，当 $|x| < 1$ 时收敛，当 $|x| > 1$ 发

散，当 $x = 1$ 时，$\sum\limits_{n=1}^{\infty} \dfrac{1}{4n-1}$ 发散，当 $x = -1$ 时，$\sum\limits_{n=1}^{\infty} \dfrac{(-1)^{4n-1}}{4n-1}$ 发散，所以 $\sum\limits_{n=1}^{\infty} \dfrac{x^{4n-1}}{4n-1}$

的收敛域为 $(-1,1)$.

设 $s(x) = \sum\limits_{n=1}^{\infty} \dfrac{x^{4n-1}}{4n-1}$，$x \in (-1,1)$，则

$$s'(x) = \left(\sum\limits_{n=1}^{\infty} \dfrac{x^{4n-1}}{4n-1}\right)' = \sum\limits_{n=1}^{\infty} x^{4n-2}, \quad x \in (-1,1).$$

又 $\sum\limits_{n=1}^{\infty} x^{4n-2} = x^2 + x^4 + x^6 + \cdots = \dfrac{x^2}{1-x^4}$，所以 $s'(x) = \dfrac{x^2}{1-x^4}$，$x \in (-1,1)$.

$$\begin{aligned}
s(x) &= \int_0^x \dfrac{t^2}{1-t^4}\mathrm{d}t = \dfrac{1}{2}\int_0^x \left(\dfrac{1}{1-t^2} - \dfrac{1}{1+t^2}\right)\mathrm{d}t \\
&= \dfrac{1}{4}\int_0^x \left(\dfrac{1}{1-t} + \dfrac{1}{1+t}\right)\mathrm{d}t - \dfrac{1}{2}\int_0^x \dfrac{1}{1+t^2}\mathrm{d}t \\
&= \dfrac{1}{4}\ln\left|\dfrac{1+x}{1-x}\right| - \dfrac{1}{2}\arctan x, \quad x \in (-1,1).
\end{aligned}$$

（4）函数直接、间接展开成幂级数（略，函数间接展开常用公式）．

$$\frac{1}{1-x} = 1 + x + x^2 + x^3 + \cdots + x^n + \cdots, \quad (-1 < x < 1).$$

$$\frac{1}{1+x} = 1 - x + x^2 - x^3 + \cdots + (-x)^n + \cdots, \quad (-1 < x < 1).$$

$$e^x = 1 + x + \frac{1}{2!}x^2 + \frac{1}{3!}x^3 + \cdots + \frac{1}{n!}x^n + \cdots, \quad (-\infty < x < +\infty).$$

$$\sin x = x - \frac{1}{3!}x^3 + \frac{1}{5!}x^5 + \cdots + \frac{(-1)^{n-1}}{(2n-1)!}x^{2n-1} + \cdots, \quad (-\infty < x < +\infty).$$

$$\cos x = 1 - \frac{1}{2!}x^2 + \frac{1}{4!}x^4 + \cdots + \frac{(-1)^n}{(2n)!}x^{2n} + \cdots, \quad (-\infty < x < +\infty).$$

$$\ln(1+x) = x - \frac{1}{2}x^2 + \frac{1}{3}x^3 - \frac{1}{4}x^4 + \cdots + \frac{(-1)^{n-1}}{n}x^n + \cdots, \quad (-1 < x \leqslant 1).$$

$$(1+x)^\alpha = 1 + \alpha x + \frac{\alpha(\alpha-1)}{2!}x^2 + \frac{\alpha(\alpha-1)(\alpha-2)}{3!}x^3 + \cdots$$
$$+ \frac{\alpha(\alpha-1)(\alpha-2)\cdots(\alpha-n+1)}{n!}x^n + \cdots, \quad (-1 < x < 1).$$

$$\frac{1}{1+x^2} = 1 - x^2 + x^4 - x^6 + \cdots + (-1)^n x^{2n} + \cdots, \quad (-1 < x < 1).$$

$$\arctan x = x - \frac{1}{3}x^3 + \frac{1}{5}x^5 - \frac{1}{7}x^7 + \cdots + (-1)^n \frac{x^{2n+1}}{2n+1} + \cdots, \quad (-1 \leqslant x \leqslant 1).$$

$$[1+(-x^2)]^{-\frac{1}{2}} = 1 + \frac{1}{2}x^2 + \frac{\frac{1\times3}{2^2}}{2!}x^4 + \frac{\frac{1\times3\times5}{2^3}}{3!}x^6 + \cdots$$
$$+ \frac{\frac{1\times3\times5\times\cdots\times(2n-1)}{2^n}}{n!}x^{2n} + \cdots, \quad (-1 < x < 1).$$

$$\arcsin x = x + \frac{1}{6}x^3 + \frac{3}{40}x^5 + \frac{15}{336}x^7 + \cdots + \frac{(2n-1)!!}{(2n+1)2^n \cdot n!}x^{2n+1} + \cdots, \quad (-1 \leqslant x \leqslant 1).$$

幂级数展开式可以用于函数求极限．

$$\lim_{x\to0}\frac{\sin x - \arctan x}{x^3} = \lim_{x\to0}\frac{\frac{1}{6}x^3 + o(x^3)}{x^3} = \frac{1}{6}.$$

（5）傅里叶级数（略）．

参 考 文 献

［1］同济大学数学系. 高等数学［M］. 7 版. 北京：高等教育出版社，2014.

［2］同济大学数学系. 高等数学［M］. 3 版. 北京：高等教育出版社，2014.

［3］刘金林，蒋国强，钱林. 高等数学（经济管理类）［M］. 4 版. 北京：机械工业出版社，2013.